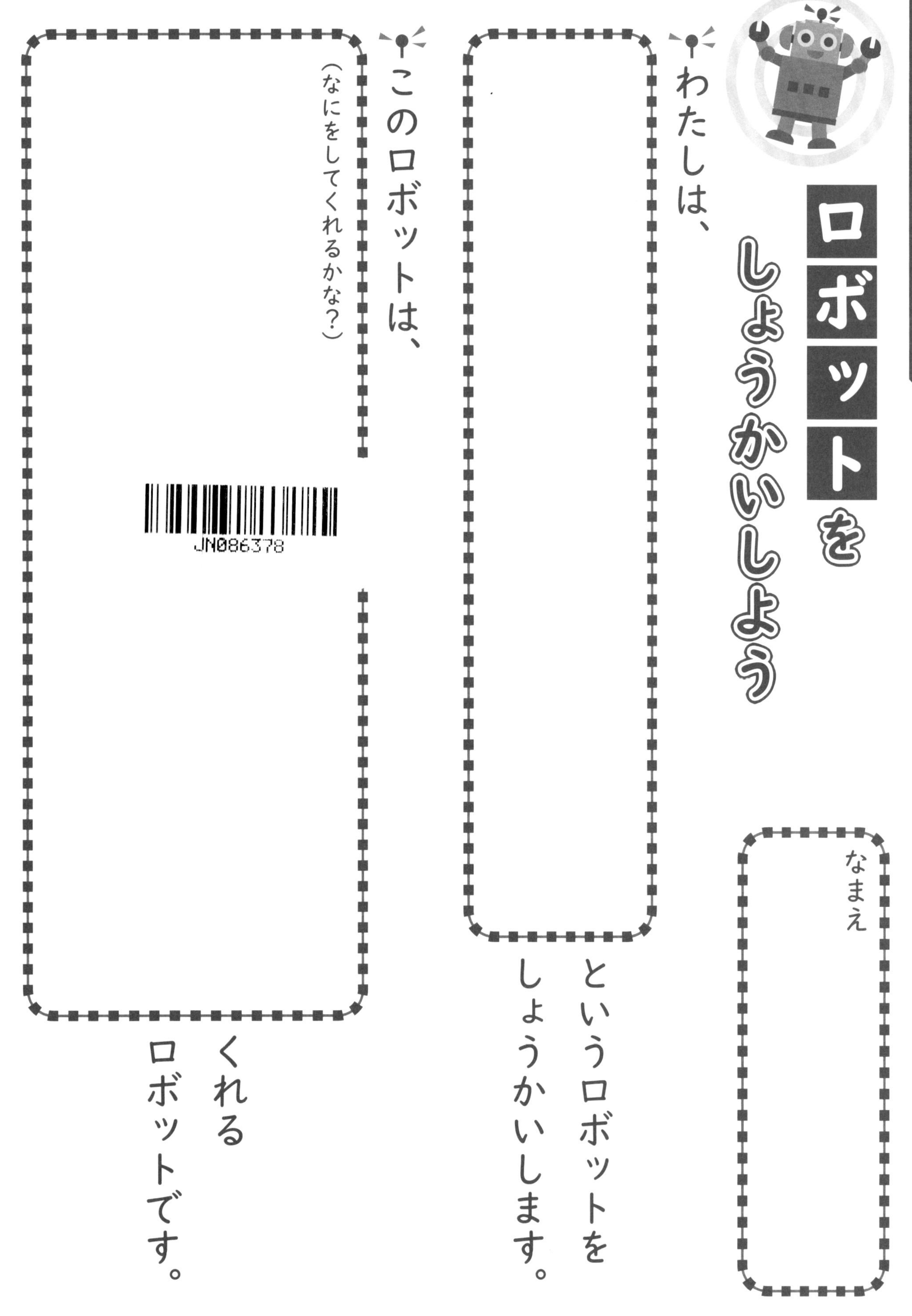



# ロボットをしょうかいしよう

なまえ

わたしは、

というロボットをしょうかいします。

このロボットは、

（なにをしてくれるかな？）

くれるロボットです。



※コピーしてつかうことができます。つかいかたは、この本のさいごにあります。

# ロボット大図鑑

どんなときにたすけてくれるかな？

## 2 まちでかつやくするロボット

監修　佐藤知正

ポプラ社

# もくじ

# この本の見かた

ロボットのおもなはたらきをわかりやすくしょうかいしている。

ロボットの「できること」がわかる。

ロボットの名前

ロボットをつくった会社

ロボットを開発した国、大きさなどの情報が書かれている。

- 開発国…共同で開発した場合はふたつ以上の国名がならびます。
- 開発年…ロボットを開発した年
- 発売年…ロボットを発売した年

ロボットによって情報の種類がかわります。

QR コードをタブレットやスマートフォンで読みとると、ロボットの会社がつくった映像を見ることができる。

＊一部 YouTube の映像があるため、えつらん制限がかかっているタブレットやスマートフォンでは見られないことがあります。この本の QR コードから見られる映像はお知らせなく、内容をかえたりサービスをおえたりすることがあります。

＊一部映像のないページもあります。

ロボットのどこにどんなはたらきがあるかがわかる。

ロボットのすごいところがわかるよ。

ロボットについてさらにくわしくせつめいしているよ。

ロボットの開発にかかわる話をしょうかいしているよ。

※この本の情報は、2024年1月現在のものです。

# はじめに

ロボットは、レストランやビル、病院、福祉施設など、まちの中のいろいろなところではたらいています。すでにお店ではらたいているロボットを見たことがある人もいるでしょう。この巻では、それらまちの中でかつやくするロボットをしょうかいしています。

近い未来は、まちの中だけでなく、いつでもみんなロボットといっしょにすごすことになるでしょう。赤ちゃんはロボットに見守られて、子どもはロボットといっしょにあそび、おとなはロボットにたすけられながら仕事をこなし、おとしよりはロボットに買いものや歩くことなどをたすけてもらうことになるのです。

さらに、住んでいる場所やくらしにあわせて、ロボットの役割はもっともっと広がります。あなたがほしいロボット、あなたの住んでいるまちにいればいいなと思うロボットを考えながら、この本のページをめくってみてください。

東京大学名誉教授
佐藤知正

## さまざまな年代の人とかかわるロボット

### 赤ちゃんを見守るロボット

- カメラとモニターで見守るロボット
- 音と照明でねかしつけるロボット など

### おとしよりをたすけるロボット

- 体の動きをたすけてくれるロボット
- 介護施設などで会話をしたり、ようすを家族に知らせてくれたりするロボット など

## 子どもとあそぶロボット

・おしゃべりするロボット
・あそびあいてのロボット など

## 小学生とすごすロボット

・勉強を教えてくれる学習ロボット
・いっしょにあそぶ友だちロボット など

## 中学生や高校生と学ぶロボット

・英語を話す語学学習ロボット
・パソコンやゲームであそぶロボット など

## 楽しい時間をつくるロボット

・趣味を楽しめるエンターテインメントロボット
・毎日のつかれをいやしてくれるロボット
など

## おとなをたすけるロボット

・工場や会社ではたらくロボット
・るすのあいだにそうじをしてくれるロボット
など

# まちでかつやくする

まちの中でロボットを見たことがありますか？　この巻で登場するロボットは、まちの中でかつやくするロボットです。どんなロボットが、どんな場所ではたらいているか、見てみましょう。

# ロボットたち

30ページ
32ページ
34ページ
22ページ
24ページ
26ページ
○○病院
手術中
レストラン
コンビニ
8ページ
28ページ
ーカリー
コンビニエンスストア
42ページ
44ページ
どんな
ロボットかな？
くわしく
見てみよう！

# はなれた場所ににもつをはこぶ
# 配送ロボット

ROBOデータ

**ハコボ**
[パナソニックホールディングス]

開発国　日本
開発年　2020年
高さ　90cm
長さ　107.5cm
幅　55cm
重さ　120kg

配送ロボットは、中ににもつを入れて、自分で動いてはこぶロボットです。ロボットをつかう人は、はなれたところにいて、モニターを見ながら、ロボットが安全に道を通っているかを見守っています。

ロボットは、お客さんがインターネットで買ったものを自宅にとどけたり、会社から会社へ、にもつをはこんだりできます。また、まちの中を自分で動きながら、ものを売ることもできます。

今後は、朝早い時間や夜のあいだなど、人がはたらいていない時間でも、配送ロボットがはたらくようになるといわれています。

このロボットがあれば…
重いものでも家までとどけてくれるよ！

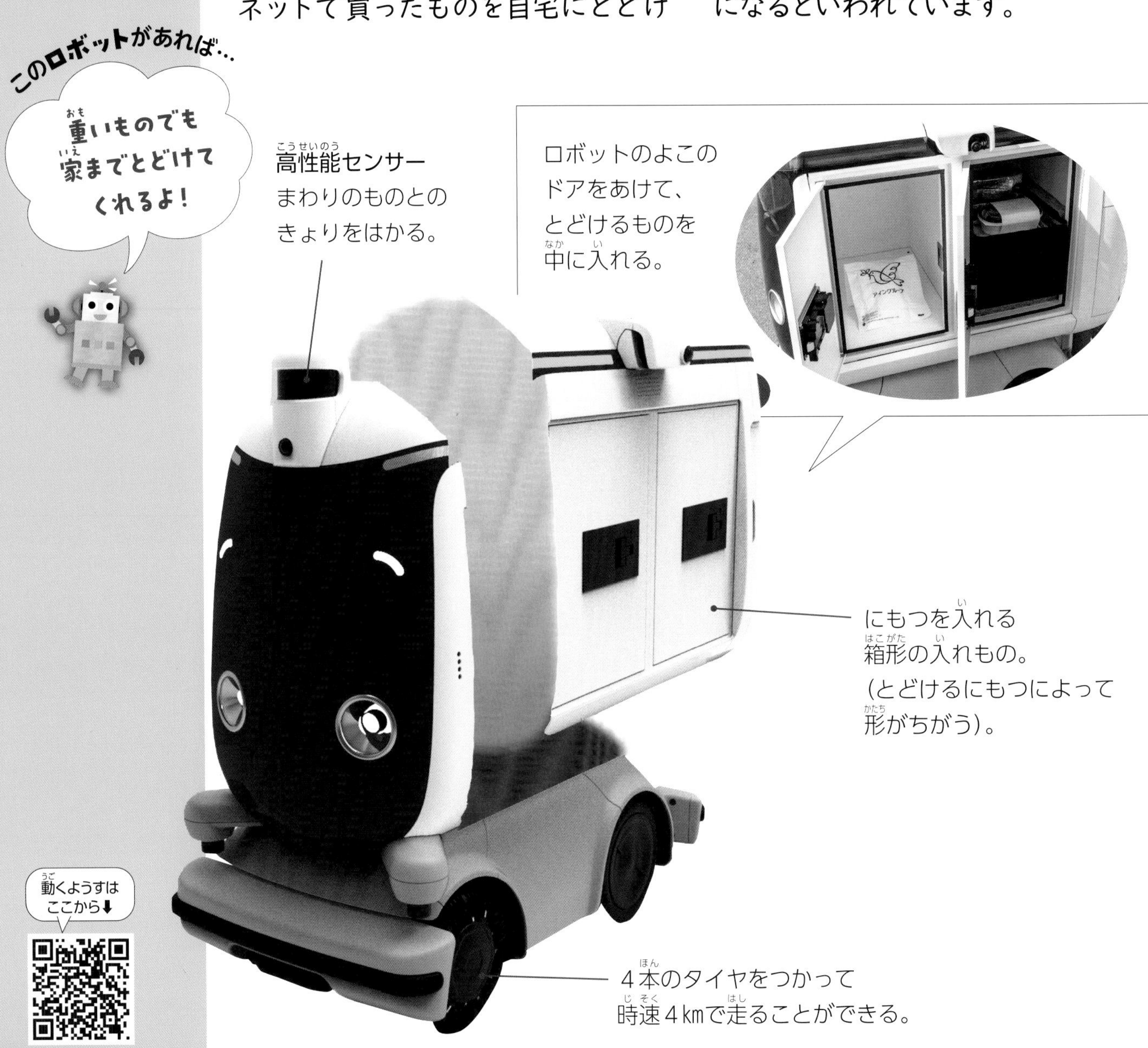

高性能センサー
まわりのものとのきょりをはかる。

ロボットのよこのドアをあけて、とどけるものを中に入れる。

にもつを入れる箱形の入れもの。（とどけるにもつによって形がちがう）。

4本のタイヤをつかって時速4kmで走ることができる。

動くようすはここから⬇

## なにができるの？

### 人や車にぶつからずに走る

配送ロボットには高性能のセンサーがついています。目の前に人がとびだしてきても、急ブレーキがかかるため、ぶつからずに安全に止まることができます。

▲道の上におちているものにも、ぶつからない。

これができるよ!

### ロボットだけでまちの中をまわりものを売る

このロボットなら、まわりのようすをたしかめながらひとりでまちの中を走り、中につんでいるカプセルトイや飲みものなどを、道を通る人たちに売っていくことができます。

◀ロボットが止まったら、コインを入れてすきなものを買える。

### まわりの人とコミュニケーションがとれる

配送ロボットは、顔の目とまゆ毛で、「ほっとした顔」「がんばる顔」「こまった顔」と、ゆたかな表情を見せます。また「お先にどうぞ」「安全停止中です」などのことばをおぼえていて、まわりの人に話しかけることもできます。

ほっと

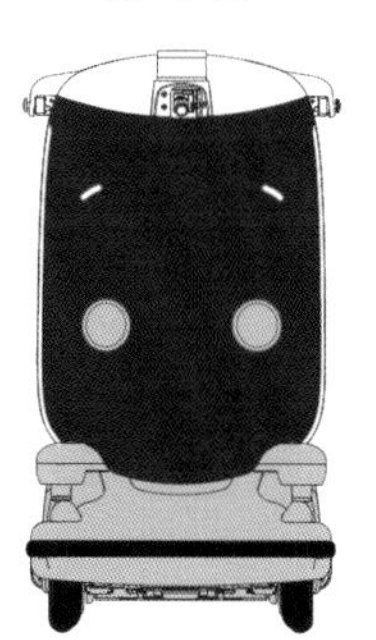

やる気

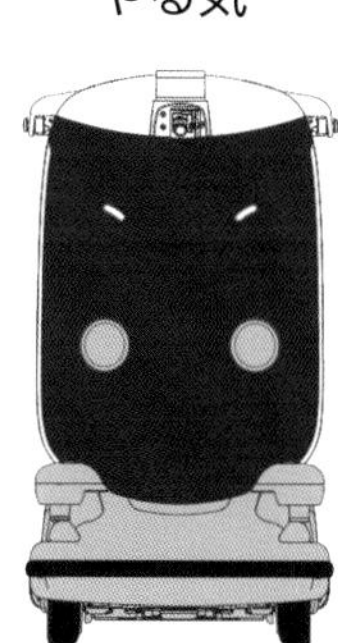

こまった

表情をじょうきょうにあわせてかえながら、「走ります」など、10種類以上のことばを話しかけてくれる。

物流ロボット

ROBOデータ

**オットー 1500**
[Clearpath Robotics OTTO Motors]
(アルテック)

| | |
|---|---|
| 開発国 | カナダ |
| 発売年 | 2021年 |
| 幅 | 128.3cm |
| 奥行 | 183.7cm |
| 高さ | 35.1cm |
| 重さ | 627kg |

このロボットがあれば…

倉庫ではたらく人がたりないときにはたらいてくれるよ！

# 倉庫の中のにもつを移動させる
# 倉庫搬送ロボット

倉庫搬送ロボットは、人がフォークリフトなどをつかってにもつを動かさなくても、工場や配送センターの倉庫の中を自分で動いて、ダンボールなどのにもつをはこんでくれるロボットです。

工場や配送センターの倉庫は広く、人がにもつをはこぶととても時間がかかります。このロボットは、倉庫にとどいたにもつを、ひとりですばやく目的の場所まではこんでくれます。このロボットをつかうことで、人手と作業時間を大きくへらすことができます。

障害物をとらえる3D（立体）カメラ

移動するためのタイヤ

停止ボタン
緊急で止まるときにつかう。

センサー

◀センサーでまわりを見ながら、人やにもつ、たななどをよけて安全に移動できる。まんいちのときは安全そうちが作動して、事故をふせぐ。

動くようすはここから⬇

## なにができるの？

### 自分で動く道順をきめる

人が道順をきめなくても、ロボットが自由に動いて、自分で倉庫の中の地図をつくり、にもつをはやくはこべる道順を考えます。

障害物

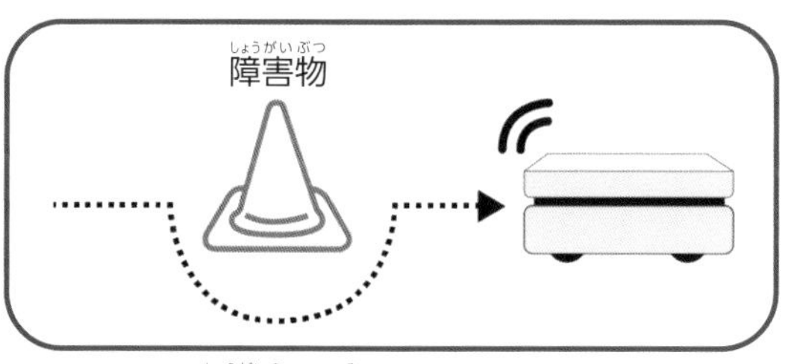

▲センサーで障害物を見つける。

### 重たいものもらくらくはこぶ

倉庫搬送ロボットは、最大で1900kgのにもつをのせながら、1秒間に2mもすすむことができます。カーブもすばやく曲がり、スムーズに走ります。

▶たくさんにもつをつんでもだいじょうぶ。

### 部品を組みあわせるとリフトやコンベアになる

倉庫にわざわざリフトやコンベアをつくらなくても、ロボットにリフトの部品をつければ、高いところにあるにもつを下におろせます。ロボットをならべて、すきなところにコンベアをつくることもできます。

リフト
下からにもつをもちあげることもできる。

コンベア
上にのせたにもつをながれるように移動させる。

## 開発こぼれ話 はじまりは地下室

Clearpathは、ロボットずきの大学生4人が「大学以外で、自由に研究できる場所をつくりたい」という思いでつくった会社で、スタートは一軒家の地下室でした。2009年、「Husky」というロボットをつくり、アメリカ軍の「ロボットによる地雷除去コンテスト」に参加しました。そして2015年には、「きつくて、きけんなしごとといわれていた製造業のしごとを、かわりにやってくれるロボットをつくりたい！」と考えて、OTTO Motorsをつくりました。

▲小型で高速、無人で走れる「Husky」。

# にもつをパレットにすばやくつみあげる
# 倉庫パレタイジングロボット

ROBOデータ

**MujinRobot**
**パレタイザー**
[Mujin]

開発国　日本
大きさ　非公開

倉庫パレタイジングロボットは、倉庫にあるにもつをパレット（台）につみあげていく、「パレタイジング」という作業をするロボットです。大きさのちがうダンボール箱であっても、パレットにバランスよくつみあげることができます。

パレット以外にも、にもつ用の車やかごにも、にもつをつみあげていくことができます。にもつのあげさげは、人がすると体にふたんがかかるたいへんな作業です。でもこのロボットをつかえば、人がするより、らくに作業をすませてくれます。

このロボットがあれば…

つみあげかたを計算してじょうずにつんでくれるよ！

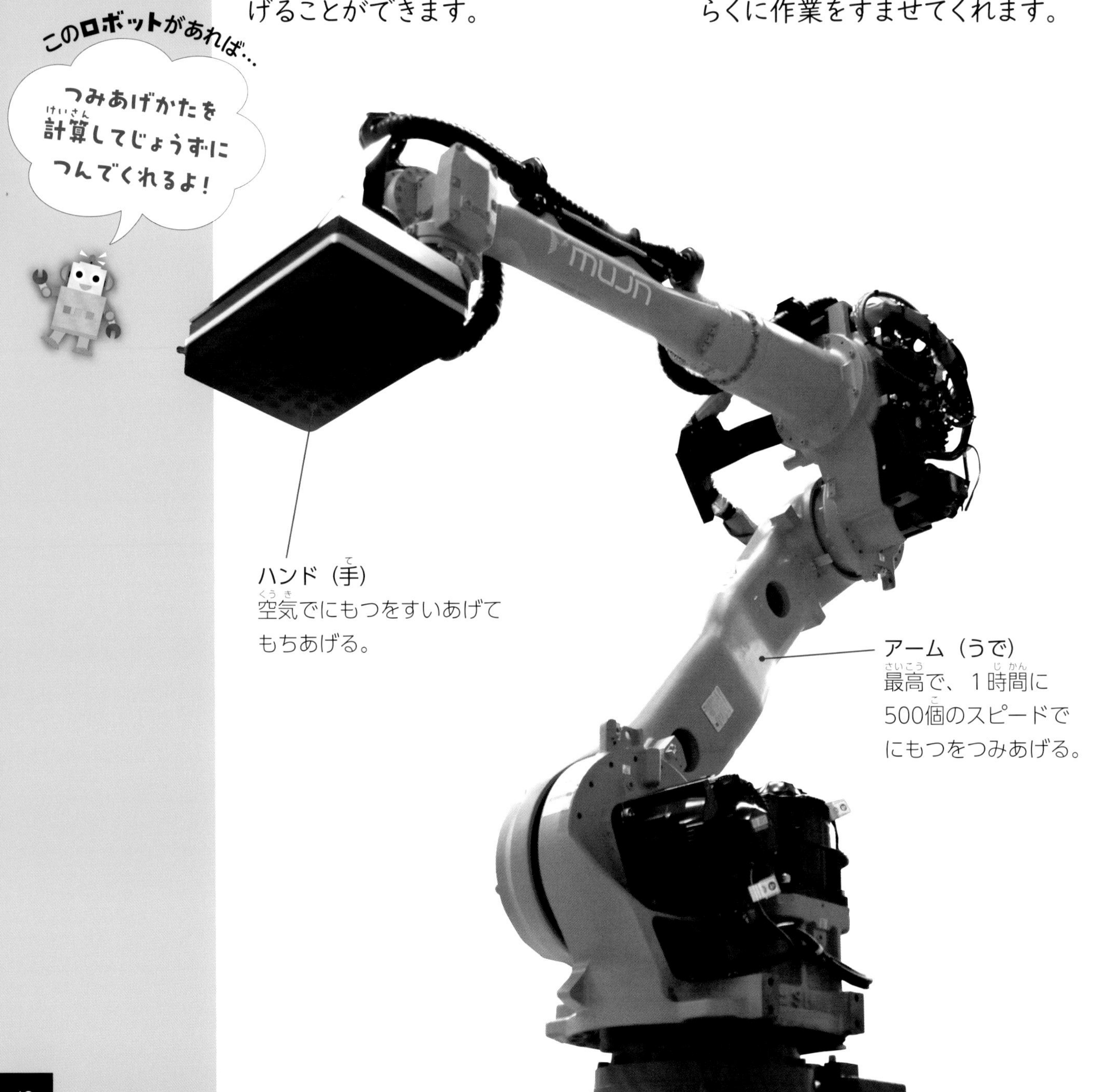


ハンド（手）
空気でにもつをすいあげてもちあげる。

アーム（うで）
最高で、1時間に500個のスピードでにもつをつみあげる。

## なにができるの？

### にもつのつみあげかたを自分できめる

　このロボットは、にもつをつみあげていく前に、にもつの大きさを自動ではかり、パレットやカートなどに、どのようにのせていくかを、自分で考えてきめます。

　また、にもつをもちあげたとき、そのにもつの重さにあわせたスピードで、アームを動かすことができます。

◀▼ちがう種類のにもつがまじっていても、つみあげる場所を見て、つみかたを自動で計算する。

つみあげた例

### かんきょうがかわっても、作業をつづける

　このロボットは、にもつを動かしたり、まわりににもつがふえつづけたりして、作業する場所のようすがかわっても、そのことを教える必要はありません。ロボットがまわりのようすの変化にあわせて、自分でつぎの動きをきめながら、作業をつづけることができるからです。

◀まわりのかんきょうの変化にあわせて作業をきめていく。

▶3か所のにもつを見きわめてつみあげるようす。

## ●そのほかのロボット　力をあわせるなかま「デパレタイザー」

　倉庫では、つみあげるだけでなく、トラックなどではこばれてきたにもつを、おろしていく作業もあります。この作業を「デパレタイジング」といいます。「デパレタイザー」は、にもつの形や大きさ、重さにあわせて、作業のスピードを自分でかえながら、にもつをおろすことができます。

▶箱の形をしらべながら、重いにもつをおろす。

# ゆかをこすってあらう
# ゆか洗浄ロボット

ゆか洗浄ロボットは、建物のゆかを、こすりながら水あらいするロボットです。

会社やスーパーマーケット、ショッピングセンター、ホテル、工場、病院、駅や空港など、ありとあらゆる場所のゆかをそうじします。広い場所のゆかを人がこすってあらうと、時間がとてもかかりますが、ゆか洗浄ロボットならつかれることなく、みじかい時間で、ゆかの水あらいをすませることができます。ゆかをあらったあとの、よごれた水もあつめてくれます。

ROBOデータ

**ハピボット**
[アマノ／プリファードロボティクス]

| | |
|---|---|
| 開発国 | 日本 |
| 発売年 | 2022年 |
| 高さ | 97cm |
| 長さ | 120cm |
| 幅 | 53.2cm |
| 重さ | 190kg |

人にかわって
ゆかをピカピカに
してくれるよ！

**カメラ**
障害物を見つけてきょりをはかる。

**センサー**
障害物や段差を見わける。

**ウインカー**
すすむ方向を知らせる。

**バンパーセンサー**
バンパーに、なにかがふれると止まる。

**ライダー**
自分の位置をたしかめる。

**パッド**
回転しながらゆかをそうじする。

**移動するためのタイヤ**

動くようすはここから⬇

## なにができるの？

### 人とものをよけて自動でそうじする

ゆか洗浄ロボットは、まわりに人がいたらいったん止まり、人の動きにあわせてまた動きだします。なにかさえぎるものがあるときは、なめらかによけてすすみます。商品のたなや、レジのあいだなどのせまいところも、通りぬけることができます。

◀とびでている商品もよけられる。

▼両がわに15cmの幅があれば、ぶつからずに通れる。

### 水がのこらないように水切りをする

ゆか洗浄ロボットは、洗ざいと水でゆかをあらいます。ゆかをあらうときは、水がはねるのをふせいだり、ゆかにのこった水をあつめたりして、水で人がすべってころばないようにしています。

スキージ

▲スキージをつかって、のこった水をしっかり切る。

## ロボットが自分で動くひみつ

ゆか洗浄ロボットは、つぎのふたつの方法で、そうじをしていく道すじをおぼえます。

### ティーチング方式

そうじしてほしい道すじを、人がロボットをおしていっしょに歩きます。するとロボットは、人が教えた道すじをおぼえて、そのとおりにそうじします。

### マッピング方式

さえぎるものがなく、広い場所なら、外がわをかこむように歩きます。するとロボットは、その内がわを、ぬりつぶすようにそうじします。

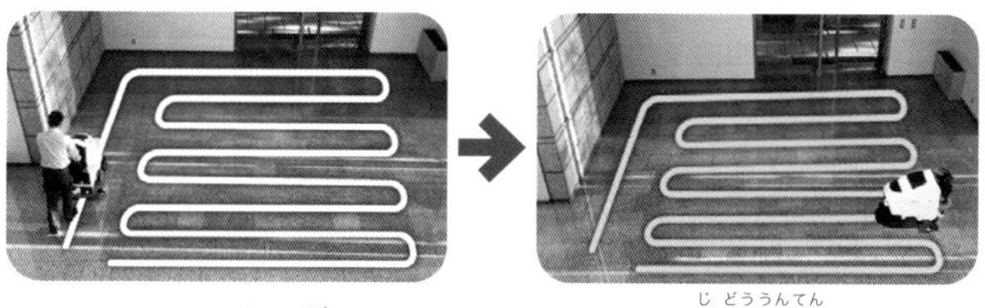

ティーチング　→　自動運転

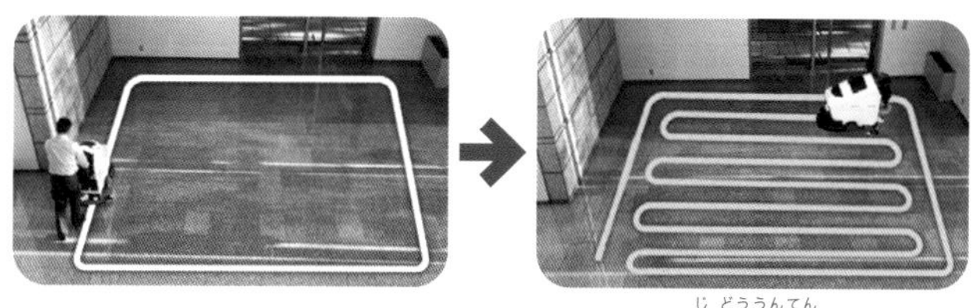

マッピング　→　自動運転

ROBOデータ

**ココボ**

[セコム]

開発国　日本
発売年　2022年
高さ　125cm
長さ　120cm
幅　70cm
重さ　約160kg

# ビルの安全を守っている ビル警備ロボット

ビル警備ロボットは、人のかわりにビルの中を自動でまわって、おかしな行動をしている人がいないか、中身のわからないあやしいにもつがないかなどを見まわるロボットです。空港やデパート、会社が入ったビルなどではたらいています。ビル警備ロボットについているカメラやセンサーで異常を見つけると、警備員室に連絡をします。連絡を受けた警備員は、すぐその場所にかけつけて問題を解決します。

動くようすはここから⬇

## なにができるの？

### ひとりで見まわりをする

ビル警備ロボットは、きめられた道すじをひとりで動いて、ビルの中を見まわります。もしカメラやセンサーであやしい人やものを見つけたら、警備員に通報します。

◀カメラやセンサーで、たおれている人やあやしいものを見つける。

▲ひとりでエレベーターに乗ってべつの階に移動できる。

### あやしい人がいたらおどろかせる！

見まわり中にあやしい人がいたら、ロボットはその場で音や光、さらにはけむりを体からだして、あいてをおどろかせます。

▶あやしい人めがけて、もくもくとけむりを発射！

これはすごい!

### 空港でもかつやく

日本の空の玄関口である成田国際空港でも、ビル警備ロボットがつかわれています。日本語だけでなく、英語、中国語、韓国語で旅行者を案内します。

海外の人たちも道をゆずってくれたり、手をふってあいさつしてくれたりと、親しまれています。

▶空港のロビーで、きめられた道すじを見まわる。

案内
ロボット

ROBOデータ

**ユンジ セイル**
[BEIJING YUNJI TECHNOLOGY]

| | |
|---|---|
| 開発国 | 中国 |
| 発売年 | 2019年 |
| 高さ | 142cm |
| 直径 | 62cm |
| 重さ | 100kg |

# お客さんを目的地まで案内する
# ガイドロボット

ガイドロボットは、人のかわりにお客さんを目的地まで、自分で動いて案内してくれるロボットです。目的地についたらロボットは、その場所や、展示されているものについて説明することもできます。

ガイドロボットは、自動車を展示しているショールームや、これから建てるマンションの部屋を見学できるモデルルーム、工場、博物館や水族館など、いろいろな場所で案内してくれます。

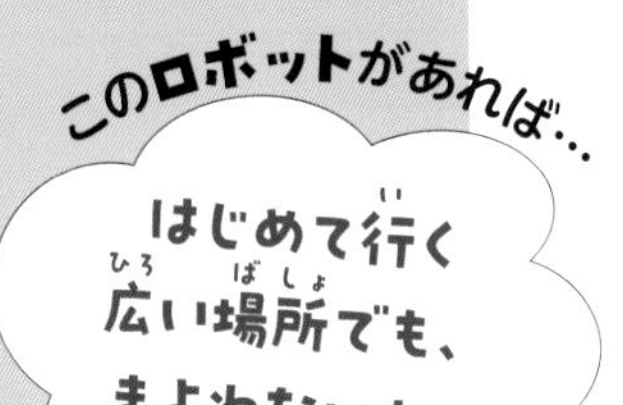

## なにができるの？

### いろいろな目的地を案内し、展示物の説明をしてくれる

お客さんは自分が行きたいところを、ロボットのタッチディスプレイでえらびます。すると、ロボットがひとりで動いて、障害物をよけながら、お客さんを目的地までつれていってくれます。

目的地につくと、ロボットの画面が自動できりかわります。お客さんは、画面にうつしだされる映像や写真を見ながら、展示してあるものについての説明を聞くことができます。

**こんなふうにつかえるよ！**

① タッチディスプレイで目的地をえらんでタッチ

② ガイドロボットが目的地まで案内するので、ついていく

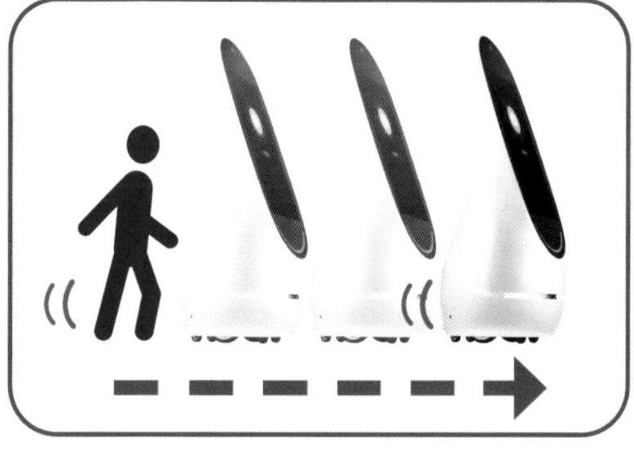

③ 案内先で、ロボットが映像や写真をつかって説明してくれる

### これはすごい！ 外国語でも説明できる

ロボットにタッチディスプレイから指示をすることで、ガイドロボットは日本語だけでなく、外国語でも説明をすることができます。外国のお客さんにも、印象にのこるおもてなしができます。

# いろいろあるよ！受付ロボット

会社や病院など、そこをたずねてきた人をでむかえてくれる受付ロボット。人形のロボットやキャラクターのロボットなど、いろいろなロボットがいます。

キャラクターがあらわれてでむかえてくれる

## ゲートボックスグランデ（ゲートボックス）

「ゲートボックスグランデ」は、お客さんが近づくと、とくしゅな加工をした大きな画面にキャラクターがあらわれ、お客さんをでむかえてくれるロボットです。キャラクターは人と同じくらいの大きさで、その場所にほんとうにキャラクターが「いる」ように感じます。

▲人が近づくとセンサーが反応して、キャラクターがあいさつをしたり、話しかけたりする。

## 人そっくりのロボットが案内してくれる

# 地平アイこ（東芝電波テクノロジー）

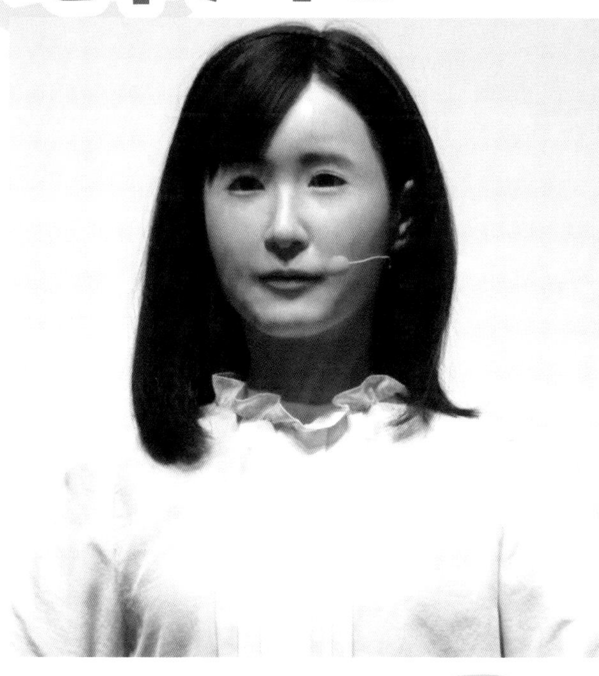

▲会話や手話で案内できる。

「地平アイこ」は人形の受付ロボットです。姿形は女性で、まるで本物の人間のようです。目が動き、うでや手も動かせるので、人と自然に話しているような気持ちになります。

## アバターが人にかわって案内をする

# アバコム（アビータ）

◀▲本物の人間そっくりなタイプ（左上）やアニメ風（右上）、動物（左）など、自分のすきなキャラクターをえらべる。

動くようすはここから⬇

「アバコム」は、遠くにいる人のかわりに、アバターが案内をしてくれるロボットです。アバターとは、オンラインゲームやインターネットの世界の中で、自分の分身としてつくられたキャラクターのことです。インターネットでつながっているので、ひとりでいくつもの受付を同時にすることができます。

飲食店ロボット

ROBOデータ

**ベラボット**
[Pudu Robotics Japan／Pudu Technology]

| | |
|---|---|
| 開発国 | 中国 |
| 発売年 | 2020年 |
| 高さ | 129cm |
| 幅 | 56.5cm |
| 奥行 | 53.7cm |

# お客さんに料理をはこぶ 配膳ロボット

配膳ロボットは、ファミリーレストランなどの飲食店で、お客さんに料理をはこんだり、食べたあとのお皿をかたづけたりするロボットです。重いお皿でも、熱いお皿でも、いちどに4種類の料理をはこぶこともできます。

お店の中は多くの人が行ったりきたりしますが、せまい場所でも、ロボットは人にぶつかることなく、安全に料理をはこびます。飲食店以外でも、病院や介護施設などではたらくことができます。

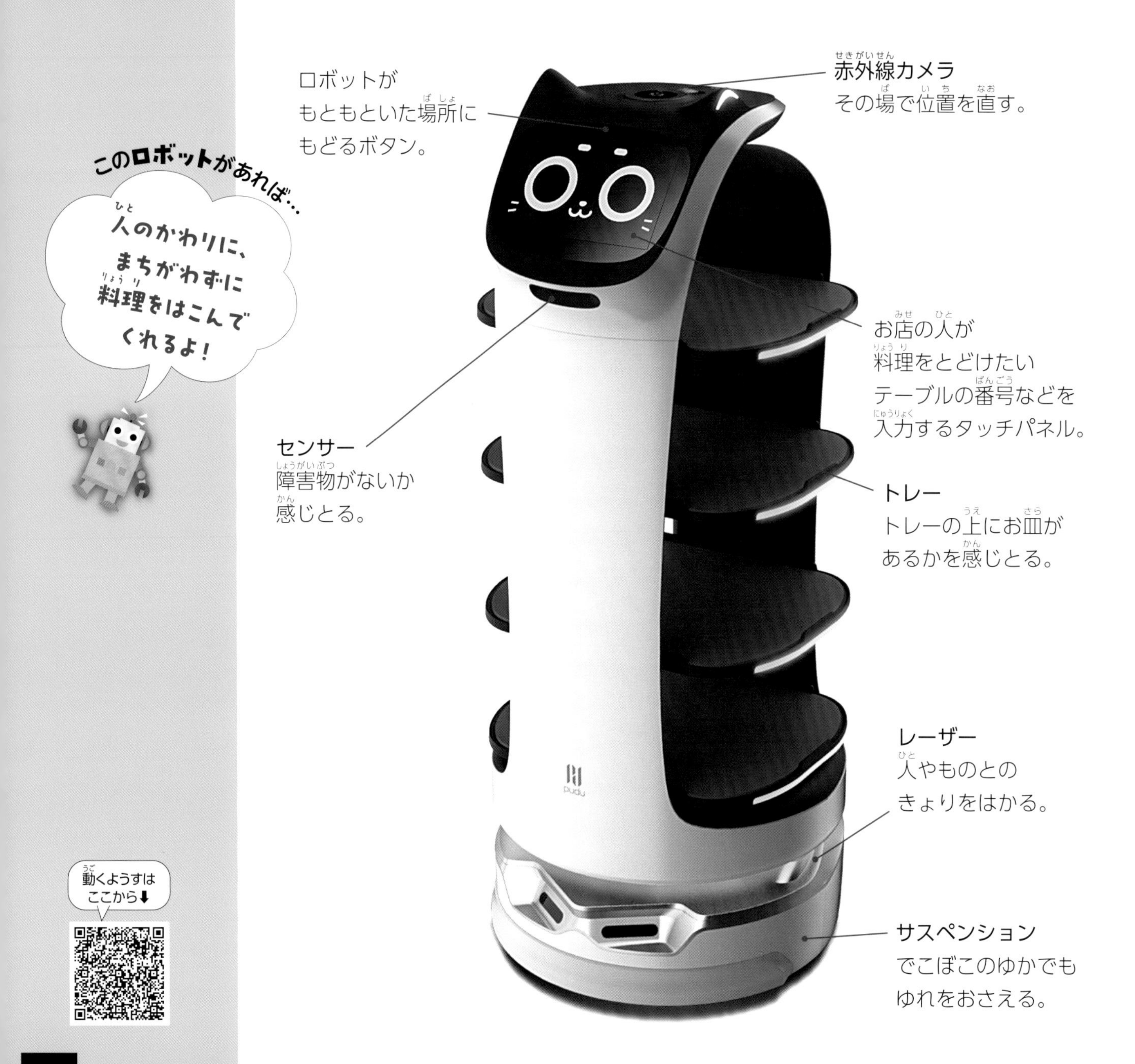

# なにができるの？

## まよわずひとりで料理をとどける

配膳ロボットは、カメラとセンサーをつかって移動することで、自分がどこにいるのかがわかり、お店全体の地図をつくることができます。まわりの障害物を感じてよけながら、注文したお客さんに、まちがいなく料理をはこべます。

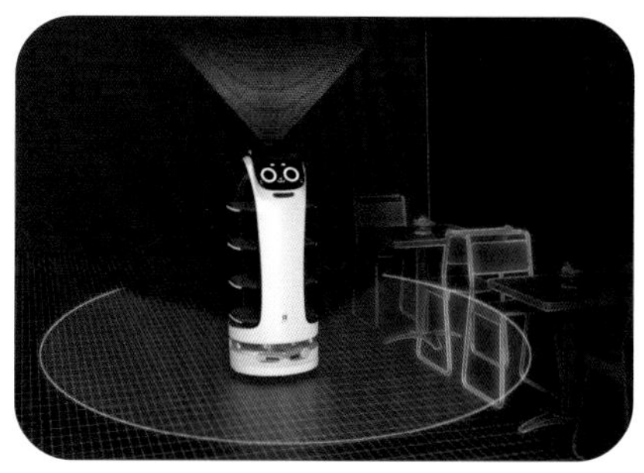

▲◀テーブルの場所をおぼえて、まよわずに料理をはこぶ。

これができるよ!

## 人と会話ができて、なでると表情がかわる

配膳ロボットはAIボイスシステムという技術で、「食事をおとりくださーい」など、お客さんと会話ができます。また、配膳ロボットの耳や額にさわると、表情をかえながら「ねえねえ、なでなでしてよー」などと、声をだして反応します。

▲▶こんな表情だと思わずなでたくなる。

## あたたかみのあるロボットをめざして

ロボットの開発をしているとき、中国でも日本でも、ネコをペットとしてかう家庭がふえていました。そのため、配膳ロボットをネコ形にしたのです。ネコはかわいいしぐさをするので、自然と親しみやすさが感じられます。人とロボットがいっしょにすごすには、このようなあたたかみもたいせつなのです。

▲いろいろな表情にかわる。どの表情もかわいい！

# これ1台でパスタをつくれる パスタ調理ロボット

ROBOデータ

**ピー・ロボ**
**P-Robo**
［テックマジック］

| | |
|---|---|
| 開発国 | 日本 |
| 発売年 | 2022年 |
| 高さ | 200cm |
| 幅 | 480cm |
| 奥行 | 84cm |

パスタ調理ロボットは、レストランなどでパスタをつくるロボットです。お店ではたらく人が少なくても、めんをゆでて、いためて、味をつけるまでがこの1台でできます。入れる具材や味つけは、あらかじめロボットのコンピュータにおぼえさせるので、人がおこなうのは、最後のもりつけだけです。

肉や魚のパスタ、やさいのパスタなど、組みあわせしだいで、何種類ものパスタがつくれます。

このロボットがあれば…
いつでもたくさんのパスタがつくれるね。

フライパン
4つのフライパンが、高速で回転して調理する。

あらかじめソースと具材を入れておく。

ここから、フライパンに自動でパスタを入れる。

動くようすはここから⬇

## なにができるの？

### 人がたりなくても調理が自動でできる

人にかわって、すべて自動でパスタを調理できるロボットは、世界ではじめてです。パスタ調理ロボットは、調味料を自分で調整して、おぼえたとおりに料理するので、いつでも同じ味でパスタをつくることができます。

▲フライパンが自動で回転して、パスタを調理する。

### 1食をわずか45秒でつくれる！

パスタ調理ロボットは、4つのフライパンで調理します。ゆではじめてから、具材やソースをまぜて調理しおわるまで、かかる時間は最速で45秒です。1時間に最大で、90食分つくることができます。

フライパンが高速で回転するので、パスタと具材をむらなくまぜられます。

注文から完成まで

フライパンの中にパスタを入れて、ゆではじめる。

フライパンが自動で移動し、ゆで上がったパスタと具材やソースが入る。

フライパンが自動で回転しながら、調理する。

調理がおわると、人がお皿にもりつけていく。

## ● そのほかのロボット　いためものがとくいな「アイ・ロボ」

アイ・ロボは、チャーハンややさいいためなど、いためものをつくるロボットです。具材をフライパンに入れると、味つけも調理も、ロボットがやってくれます。

また、ロボットのうらがわに、フライパンをあらう場所があり、つかいおわると、ロボットがその場でフライパンをあらうこともできます。

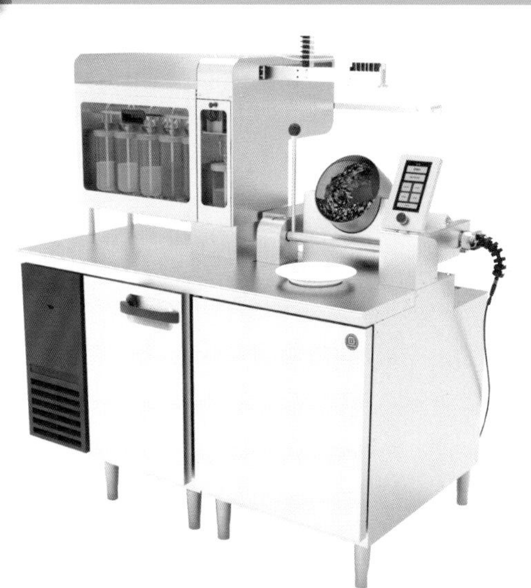

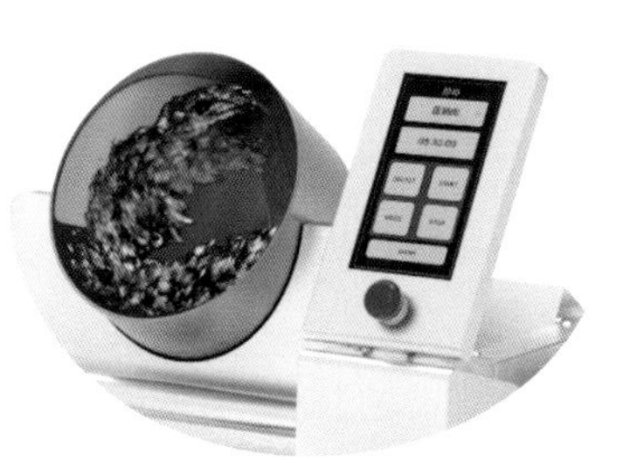
▲いためながら、フライパンをゆらして食材をうかせる「あおり」作業もお手のもの。

ROBOデータ

**そばロボット**
[コネクテッドロボティクス]

開発国　日本
発売年　2020年
高さ　180cm
長さ　271cm
幅　60cm

## そばをゆでて水でしめる
# そばロボット

そばロボットは、そばをゆで、ぬめりをとり、水でしめるまでを自動でおこなうロボットです。注文を受けて、ケースからそばをとりだすところから、調理がおわるまでをすばやく作業します。動きがおそいと、めんがのびてしまうからです。

そばロボットは、せまいキッチンでもつかえるように小さくつくられているので、作業しつづけていても、店員とぶつかることなく、そばを調理してくれます。

このロボットがあれば…

店が
こんでいても、
おくれずにそばを
だせるね！

アーム（うで）
ケースからそばを
とりだして
ザルへ入れる。

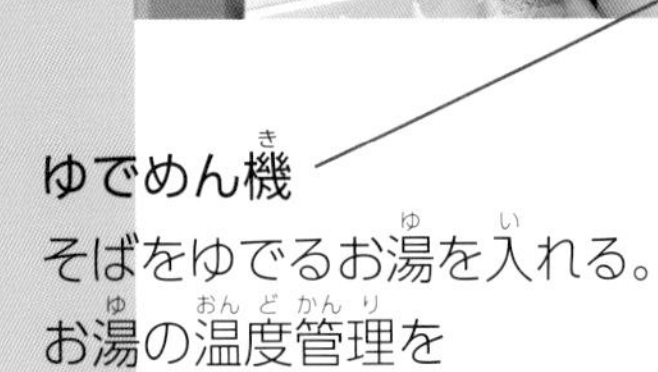

ゆでめん機
そばをゆでるお湯を入れる。
お湯の温度管理を
自動でする。

ザル（3連テボ）
そばをゆでるザル。
3つのザルが
いちどに動く。

あらいシンク
ゆでたそばを
あらう。

水切り台
水を切ったそばを
おく台。

しめシンク
つめたい水を入れ、
あらったそばを
しめる。

動くようすは
ここから⬇

## なにができるの？

### つかれることなく、たくさんのそばをゆでる

そばロボットには、アームとよばれるうでが２本ついているモデルと、１本ついているモデルがあります。うでが１本のモデルは、人がケースからそばをとりだす必要がありますが、どちらもきまった時間で、おいしくそばをゆでることができます。

▶うでが１本の単腕モデル。１時間に80ぱいのそばをゆでる。

▲うでが２本の双腕モデル。１時間に150ぱいのそばをゆでる。ケースからそばをとりだすところからできる。

※どちらもゆで時間100秒の場合。

### あつい調理場でも長い時間作業できる

そばをゆでる場所はとてもあついので、人が長い時間作業をつづけるのはたいへんです。また、お湯でやけどをしたり、冷たい水で手があれたりします。しかし、そばロボットをつかえば、あつい場所で、立ったまま休みなくそばをゆでる作業から解放されます。

▶湯気であつくても、ロボットは同じペースで作業しつづける。

### 人手不足とスピードとの勝負

そばロボットの開発をはじめた2019年ごろの飲食店は、どこもはたらく人がたりず、どうしたら少ない人数でお店をやっていけるか、頭をなやませていました。

なかでも駅のそば店にくるお客さんは、しごとのとちゅうに立ちよる人が多いため、たくさんのそばを、きまったゆで時間で用意しなければなりません。

そこで開発されたのがそばロボットです。そばロボットのおかげで、同じゆでかげんでそばをだせるようになりました。いまは、もっとはやくだせるよう、お客さんが食券を買ったら、ロボットが動きだすしくみを研究中です。

店舗作業
**ロボット**

## 冷蔵倉庫から、たなに飲みものをならべる

# コンビニ作業ロボット

**ROBOデータ**

**ティーエックス スカラ**
[Telexistence]

開発国　日本
発売年　2021年*
大きさ　非公開

*一般販売はされていない。

コンビニ作業ロボットは、コンビニエンスストアの冷蔵倉庫にある、かんやペットボトルなどの飲みものを、たなに自動でならべるロボットです。店では、1日1000本の飲みものを売ることがあります。飲みものがたなからなくなると、店員が、たなのうらがわにつながっている冷蔵倉庫に行き、飲みものをならべます。店員は、長い時間、せまくてさむい冷蔵倉庫の中で作業しなければなりません。

コンビニ作業ロボットは、たなの飲みものをカメラでうつし、数がたりなくなると自動的に倉庫からたなにならべてくれるので、店員のしごとがとてもらくになります。

このロボットがあれば…

人がいなくても、飲みものをたなにならべてくれるよ。

▲飲みものの冷蔵のたなのうらがわには、冷蔵倉庫がつながっている。

たなの高さにあわせることで、ロボットが上下し、ひくい位置から高い位置まで作業できる。

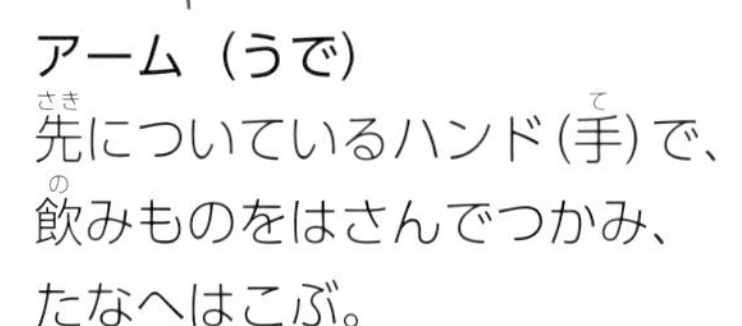

アーム（うで）
先についているハンド(手)で、飲みものをはさんでつかみ、たなへはこぶ。

レール
ロボットはしかれたレールの上を動く。

動くようすはここから⬇

## なにができるの？

### せまくてさむい場所でも、つづけて作業ができる

コンビニエンスストアの、飲みもののたなのうらには、冷蔵倉庫があります。倉庫は、とてもせまくて、気温が５度くらいです。店員が長い時間そこで作業するのは、体によくありません。しかし、このロボットなら、そんなせまくてさむいところでも、24時間自動で飲みものをならべることができます。

◀こんなにせまいところでも、ロボットならつかれ、さむさしらず。

### 重たい飲みものでもつかんでならべる

コンビニ作業ロボットは、かんのコーヒーやビール、ペットボトルなど、いろいろな大きさや重さの飲みものをならべることができます。かんはすべてのサイズ、ペットボトルは2Lの重いボトルまで、しっかりつかんではこびます。

▶カメラでうつした飲みものを、正しくえらびながら、おく場所をまちがえないようにならべられる。

### これはすごい！ 人と同じ動きができる！

コンビニ作業ロボットは、インターネットでつなぐことで、べつの場所にいる人と同じ動きをすることができます。

もし、飲みものがたなにひっかかるなどの問題があっても、インターネットでつながっている人が、それを直す動きをすることで、ロボットも同じ動きをして、問題にすばやく対応することができます。

▲▶べつの場所でコントローラーを動かすと、はなれたところにいるロボットが、同じ動きをする。

# 医師の手のように動いて手術をする
# 手術支援ロボット

ROBOデータ

**ダビンチ Xi**
[インテュイティブ・サージカル]

開発国　アメリカ
発売年　2015年*
大きさ　非公開

*日本での発売年。

手術支援ロボットは、医師の内視鏡手術*の手だすけをするロボットです。患者さんの体に小さなあなをあけ、そこからロボットのアーム（うで）の先にとりつけた、はさみのような手術道具（鉗子）を入れて手術をします。

カメラをとりつけるアームもあり、手術室内の、患者さんからはなれた場所にいる医師が、カメラでうつしだされる体の内部の映像を見ながら、ロボットを動かして手術をします。鉗子が人の手より細かく正確に動くので、むずかしい手術を手だすけできます。

*内視鏡手術：体に小さなあなをあけて、体の中をかんさつする医療機器「内視鏡」を入れ、手術のようすを映像で確認しながら、小さなあなから入れた器具でおこなう手術のこと。

このロボットがあれば…
目では見にくいところも画面で大きく見られるから、正確な手術ができるよ。

手術支援ロボットは、3つのロボットによって構成されている。

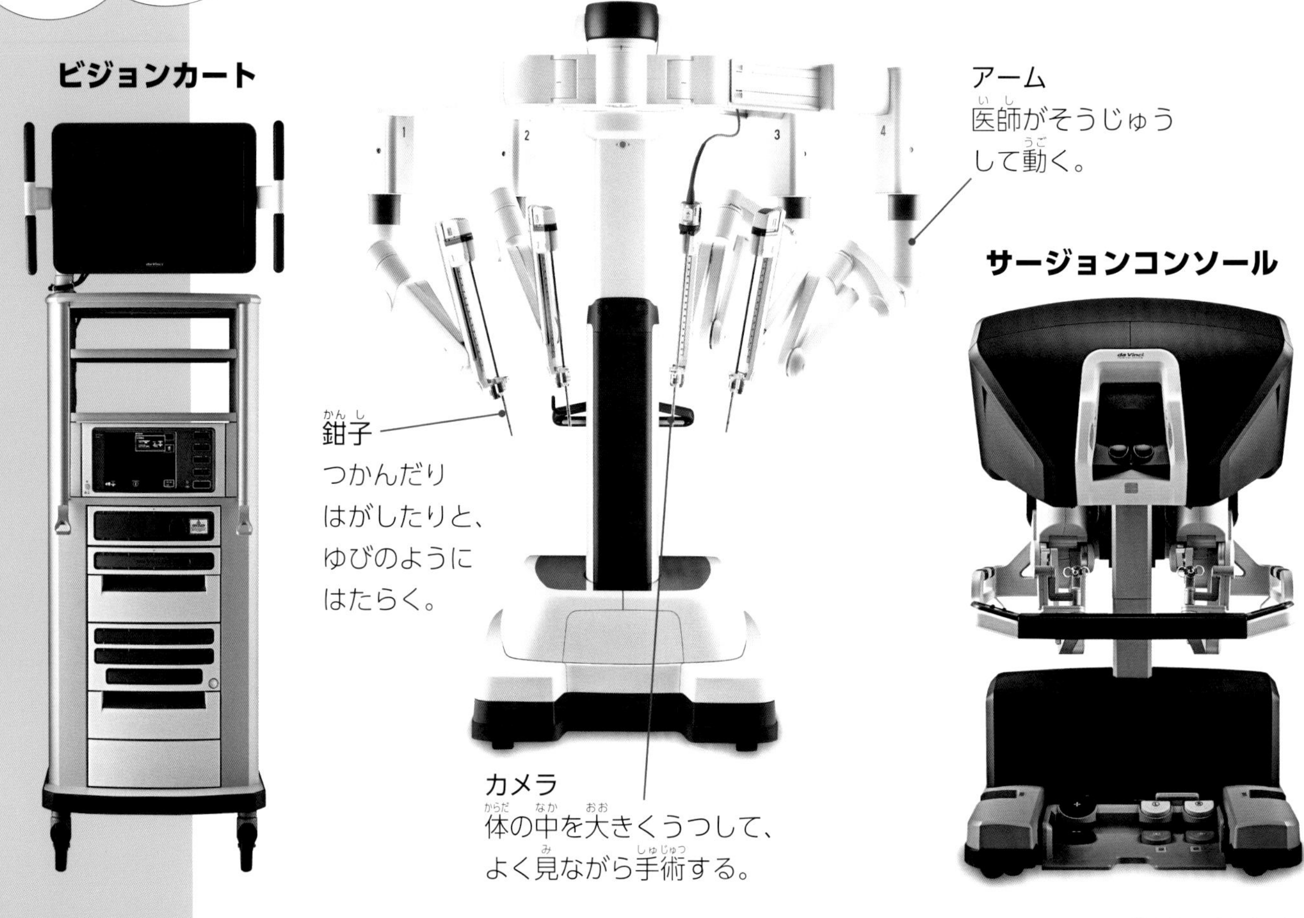

## なにができるの？

### むずかしい手術を安全におこなう

手術支援ロボットがあれば、いままで手術がしにくかった体の部位でも、カメラで見ながら自由にアームを動かして、正確に手術をサポートします。

ビジョンカート
ダビンチのあらゆる機能を管理しています。手術中の映像を見やすく処理します。

ペイシェントカート
アームの先にとりつけた鉗子は、人の手首以上に曲がり、細かく動かせます。ふるえることもなく、手術ができます。

サージョンコンソール
医師はあしもとのペダルと、手にもつハンドコントロールで、アームをあやつります。

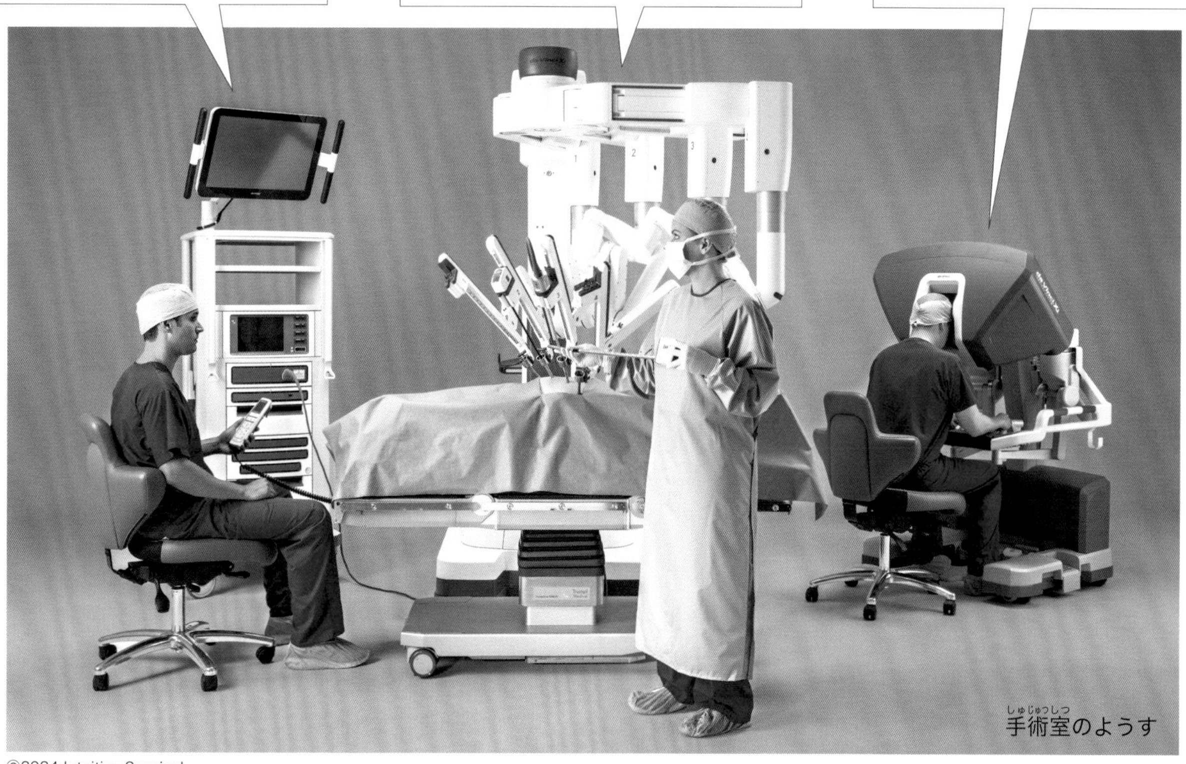
手術室のようす



これができるよ!

### ちょくせつ見るより、自由に見られる

手術支援ロボットは、サージョンコンソールにうつった、立体的な映像を見ながら手術をします。医師は、アームの先にとりつけたカメラを自由に動かせるので、ちょくせつ人の目では見えないところも、自由に見られます。また、映像を大きくすると、人の目の10倍から14倍の大きさで見ることができます。

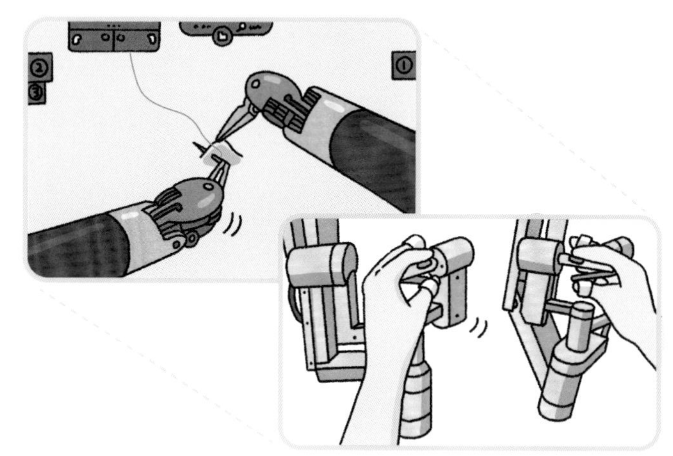

# 自分のあしで歩けるように手だすけする
# 機能回復ロボット

ROBOデータ

**HAL®**
**(Hybrid Assistive Limb®)**

［サイバーダイン／筑波大学］

開発国　日本
発売年　2013年
高さ　123cm
長さ　43cm（たて）
幅　47cm（よこ）
重さ　約14kg

このロボットがあれば…

あしを動かしづらい人でも、歩けるようになるかもしれないね。

機能回復ロボットは、思うようにあしを動かせなくなった人が、本来の動きをとりもどせるようにサポートするロボットです。自分が動かしたいと思ったとおりのタイミングや強さで、あしを動かしてくれるので、ロボットが動かしているのではなく、自分のあしが自然に動いているように感じます。体はそのスムーズな動きや感覚をおぼえて、脳に情報を送ります。正しい動きをくりかえすことで、体の回復につながり、いつしかロボットなしで歩けるようになるかもしれないのです。

**コントロールユニット**
たくさんのセンサーから送られる信号をコンピュータが解析し、パワーユニットのモーターを動かす。

**生体電位センサー**
ひふにはる。ひふにあらわれるかすかな「生体電位信号」を読みとる。

**パワーユニット**
コントロールユニットによってモーターが動き、あしの動きをたすける。

**ゆか圧力センサー**
2本のあしの力のかけぐあいを読みとる。

## なにができるの？

# 人の意思を感じとって、筋肉を動かせる

体を動かしているのは筋肉です。「こう動かしたい」と考えると、脳で電気信号がでます。それが神経を通して筋肉につたわり、体が動くのです。ところが、病気やけがなどで信号がつたわりづらくなってしまうことがあります。このロボットは、人の意思、つまり信号を読みとって筋肉を動かすことができるロボットです。

### 機能回復ロボットのしくみ

**① 「歩きたい」という電気信号がうまれる**

脳から、歩くために必要な筋肉へ、神経を通して信号が送られます。

**② 「どう動きたいか」を読みとる**

筋肉に信号がとどくとき、ひふの表面にかすかな「生体電位信号」がもれでてきます。それを、ひふにはりつけたセンサーが読みとります。

**③ 関節の動きをたすける**

たくさんのセンサーが読みとった信号を、コントロールユニットが解析し、パワーユニットが自然にあしを動かします。

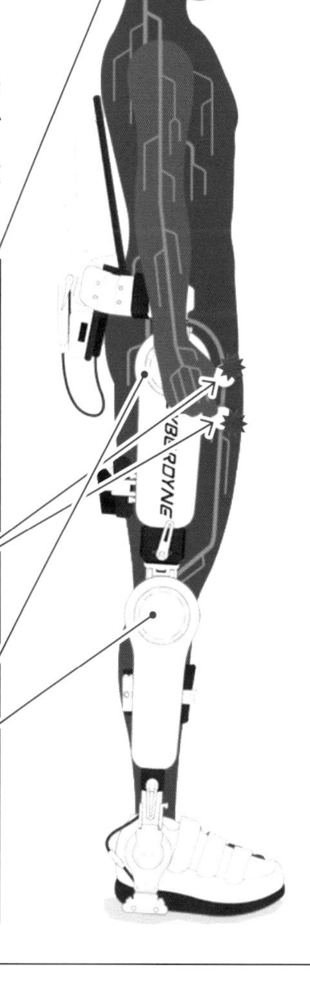

## ● そのほかのロボット　機能回復ロボットのなかまたち

機能回復ロボットには、関節やこしの動きをとりもどすサポートをするロボットもあります。

### 単関節タイプ

関節を曲げたりのばしたりする動きをたすける。

◀ひざ、あしくび、ひじなどのなめらかな動きをめざす。

### こしタイプ

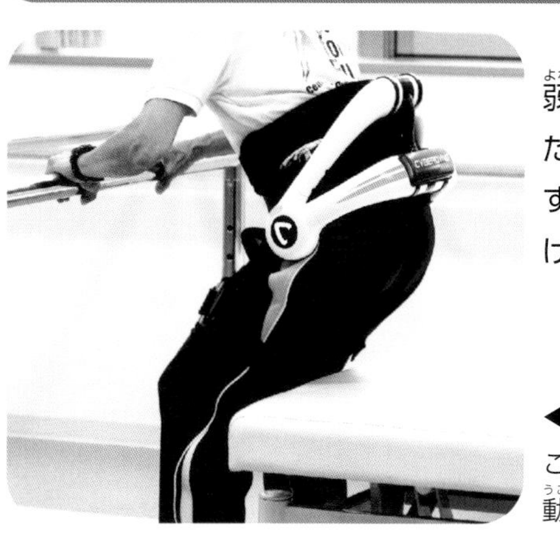

あしやこしが弱い人の、立ったりすわったりする動きをたすける。

◀動きにくいこしがらくに動かせる。

薬局
ロボット

ROBO データ

**リードル・ファシス**
[メディカルユアーズロボティクス]

開発国 ドイツ／イタリア
発売年 2014年
高さ 2.127m〜
長さ 2.768m〜
幅 1.606m
重さ 約2〜3t

# 処方せんから、必要な薬を準備する
# 調剤支援ロボット

医師が、患者さんの治療に必要な薬や、その飲みかたの指示を、紙にしるしたものを「処方せん」といいます。そして、薬局にいる薬剤師が、処方せんをもとに、薬の準備をすることを「調剤」といいます。このロボットは、処方せんのデータを受けとり、大量の薬の中から、必要な薬の箱をえらんで、薬剤師にわたすロボットです。薬剤師は、ロボットから受けとった薬の箱から、処方せんにかかれた分量の薬をとりわけ、患者さんにわたします。

薬剤師が正しい薬をさがす手間がはぶけるうえ、患者さんも長い時間待つことなく、薬を受けとれます。

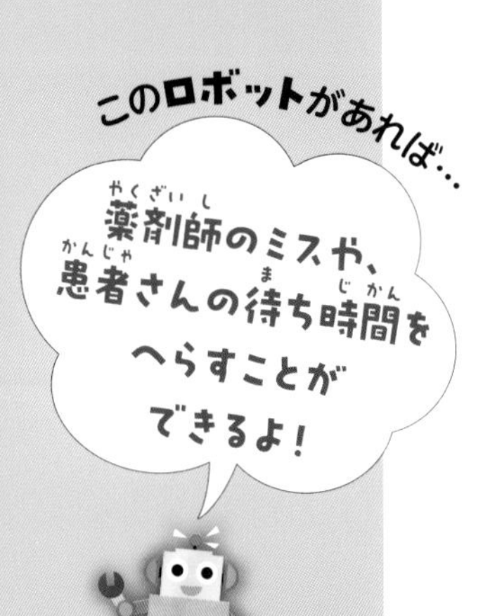

アーム（うで）
のびちぢみをして、薬のたなから、必要な薬の箱をとりだす。

薬のたな

とりだし口
ロボットがえらんだ薬の箱がここからでてくる。

▲薬のたなとアームが中に入っている。

動くようすはここから⬇

# なにができるの？

## 薬のたなから処方せんの薬をすばやくさがせる

これまでは、患者さんが処方せんを薬局の窓口にだしてから、薬剤師が薬をさがしていました。しかし、このロボットは、患者さんが薬局に行く前に、病院からインターネットを通じて、ちょくせつ処方せんのデータを受けとり、必要な薬の箱を、たなからえらんでおくことができます。薬剤師が数分かかっていた作業が、このロボットをつかうと約5秒でできるようになりました。

▲たくさんの種類の中から、薬の箱の情報を読みとって、薬をとりだす。

## のこった薬をもとの場所にもどす

薬剤師が必要な数の薬を箱からだしおえると、ロボットが、箱を自動でもとのたなにもどします。薬は、ちがう場所においてしまうと、大きな事故につながります。これまでは、いちどつかった薬の箱を、もとのたなに正確にもどす作業は、薬剤師にとって神経をつかうしごとでした。しかし、このロボットをつかうことで、薬剤師は、薬の説明など、患者さんの健康管理にかんするしごとに集中できるようになりました。

▲アームがすばやく動いて、たなに薬をもどす。

## あたらしくとどいた薬も正しくしまう

薬局では、薬がなくならないよう、毎日のように薬がとどきます。このロボットは、あたらしくとどいた薬も、正しい場所にしまいます。

とどいた薬は、いちど、箱の情報をスキャンするコンピュータに入れられます。すると、箱の情報がロボットに送られ、薬の倉庫の正しい場所に、箱をしまってくれるのです。

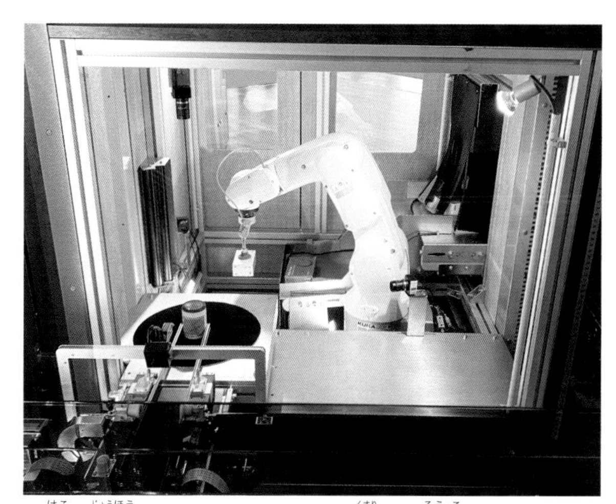

▲箱の情報をスキャンしおわった薬を、倉庫にしまっているところ。

# ほかにもあるよ! 病院ロボット

「病院ロボット」とは、病院で、医師や看護師をたすけたり、患者さんのリハビリを手伝ったりするロボットです。

## 薬などをはこんでくれる

## ホスピー（パナソニック プロダクションエンジニアリング）

「ホスピー」は、病院の中で、医師や看護師がしごとで必要なものを、はこんでくれるロボットです。必要なところに、安全に、すぐにはこんでくれるので、看護師のしごとをへらすことができます。

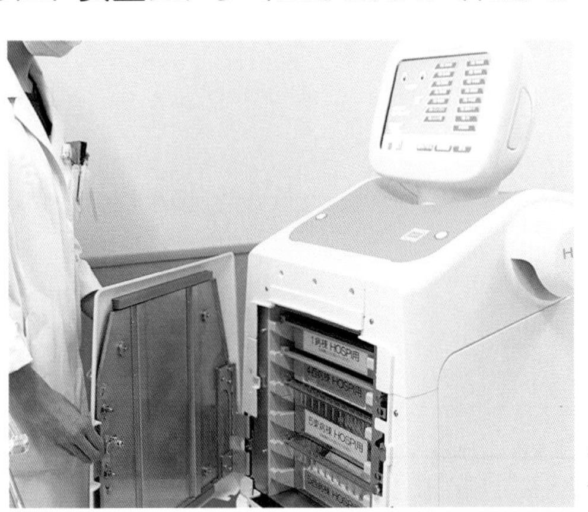

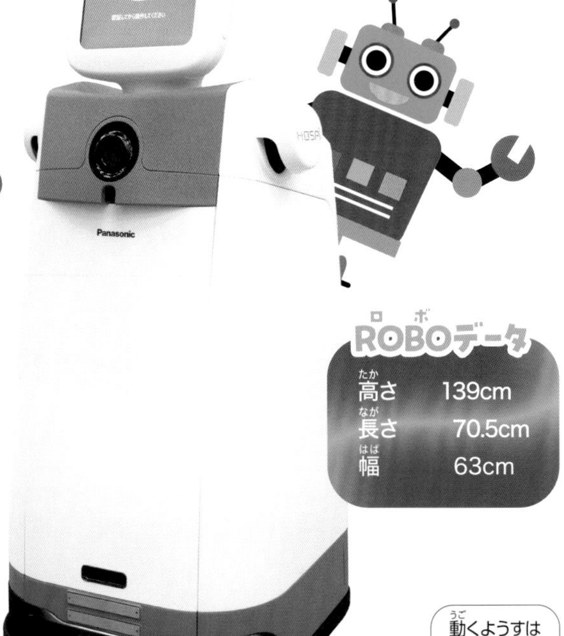


◀体の中に、薬や診察に必要なものを入れて、はこぶことができる。

ROBOデータ

| | |
|---|---|
| 高さ | 139cm |
| 長さ | 70.5cm |
| 幅 | 63cm |

動くようすはここから⬇

## 患者さんが歩けるようにたすけてくれる

## ウェルウォーク（トヨタ自動車）

「ウェルウォーク」は、けがや病気などで歩くことが不自由になった患者さんが、歩けるようになるのをたすけるリハビリロボットです。患者さんのそのときのようすにあわせて、少しずつうまく歩けるように補助をしてくれます。

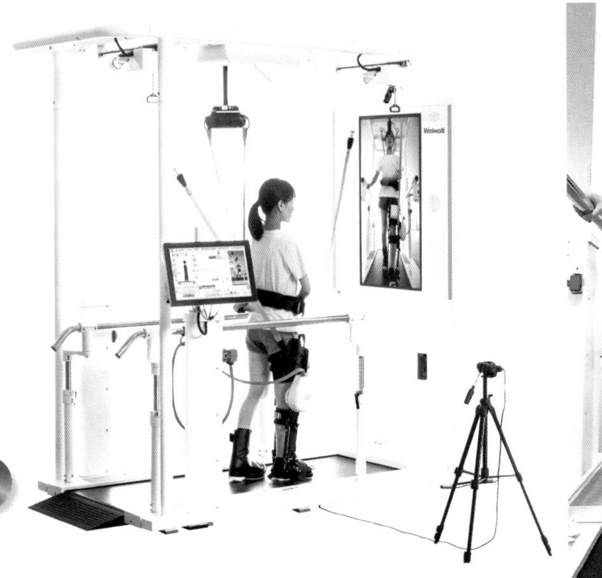

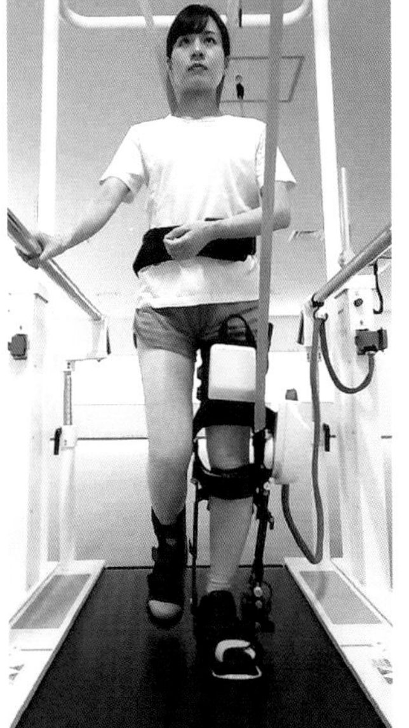

ROBOデータ

| | |
|---|---|
| 高さ | 238cm |
| 長さ | 257cm |
| 幅 | 120cm |

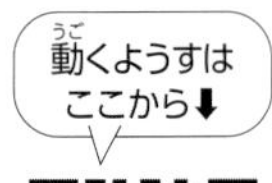

# これもロボット？ 体のふたん おたすけロボット

倉庫でにもつをもちあげたり、はこんだりするときの、体のふたんをへらしてくれるロボットがあります。

## 空気をつかった人工筋肉*でたすける！

## マッスルスーツエクソパワー

（イノフィス）

「マッスルスーツエクソパワー」は、背中にある人工筋肉の力で、体を引きあげるロボットです。このロボットを身につけると、にもつをもちあげたり、かがんだしせいをつづけたりするのがらくになります。

人工筋肉は、ポンプで空気を入れることで、強い力をだすことができます。

＊人工筋肉：筋肉とよくにた動きをするそうち。

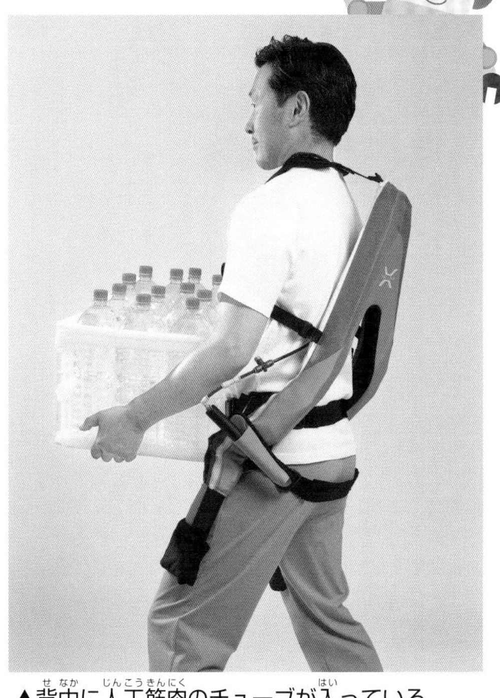

▲背中に人工筋肉のチューブが入っている。

## 空気とゴムの力をつかう！

## ダーウィンハコベルデ

（ダイヤ工業）

「ダーウィンハコベルデ」は、ものをもちあげるときのしゃがんだしせいから、立ちあがるときのつらい動きを、人工筋肉の力でたすけてくれるロボットです。さらに、人工筋肉に入れた空気で、背中からおしりをささえ、前かがみのしせいをとる体をたすけます。

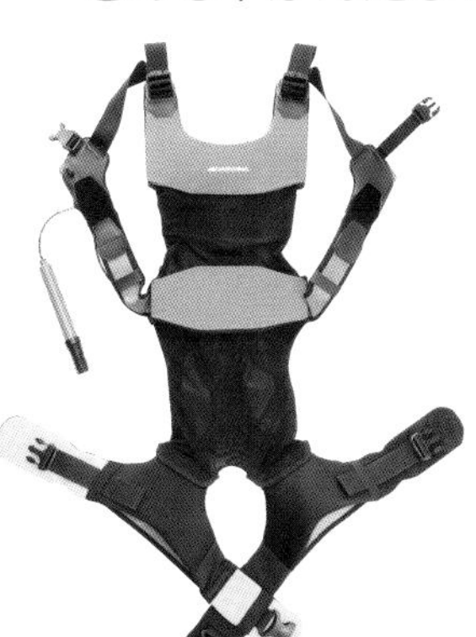

ROBOデータ

**エリオス3**
[フライアビリティ]
(ブルーイノベーション)

| | |
|---|---|
| 開発国 | スイス |
| 発売年 | 2022年 |
| 高さ | 38cm |
| 幅 | 48cm |
| 重さ | 約1900g |

# 建物の中をとびながら点検する
# 施設内点検ロボット

施設内点検ロボットは、ビルのかべやてんじょうなどに、きずやひびわれがないか、空中をとびながら、写真や映像をとって点検するロボットです。人が入りにくいきけんな場所や、くらい場所、高い場所でもとんで行くことができます。

また、ロボットは、いろいろなカメラで、しらべる場所の写真や映像をとり、人は、それをタブレットの画面で見ることができます。とくしゅなカメラのため、人の目では見えないほどの、小さなひびなどの異常でも、すぐに発見できます。

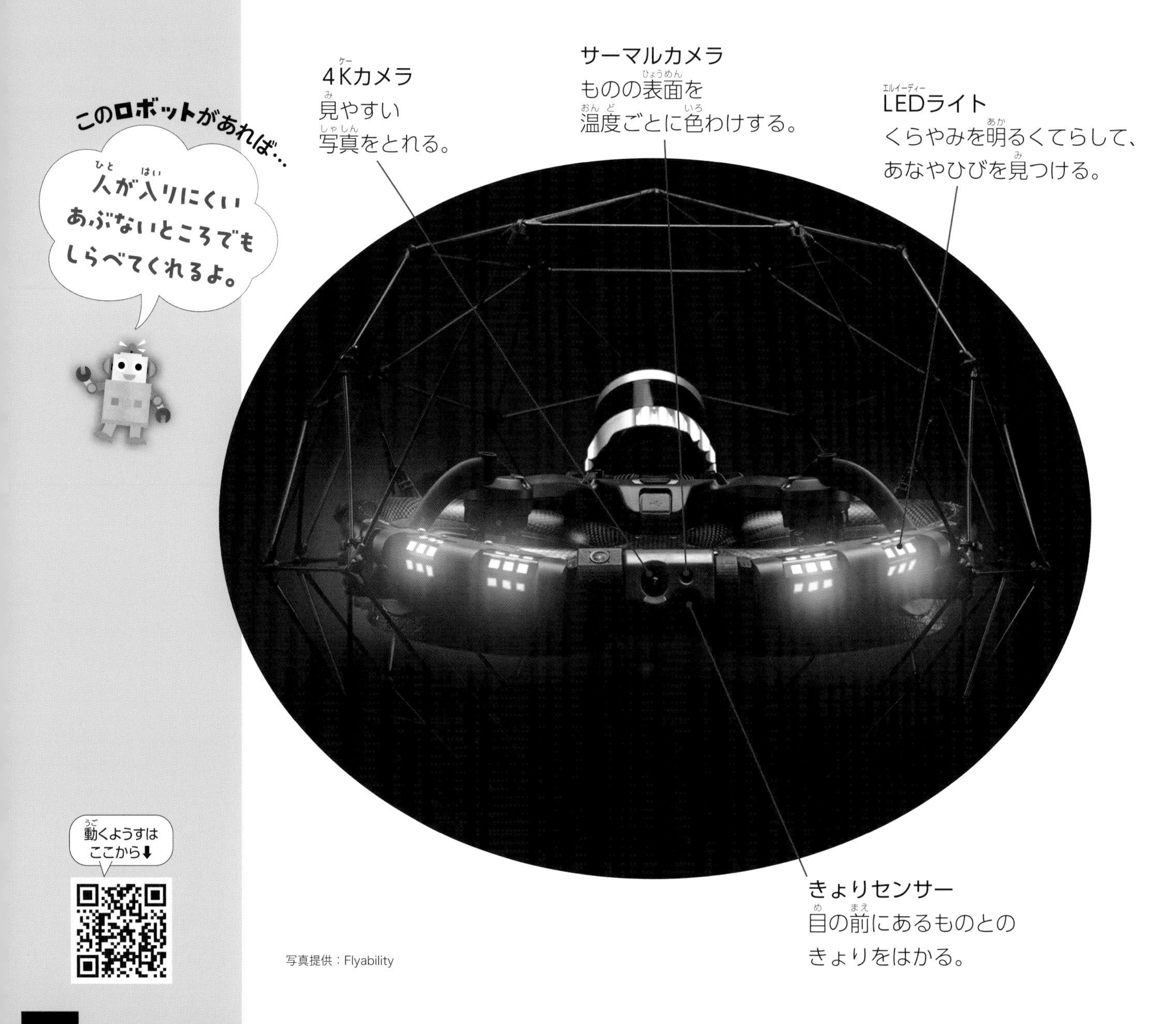


写真提供：Flyability

## なにができるの？

### どんなところへも しらべに行ける

施設内点検ロボットは、とびながら、自分の位置とまわりのようすをしらべ、どんな場所へも入って行くことができます。がんじょうにできているので、ちょっとぶつかってもこわれません。

▲どうくつなど、人が入りにくい場所へも入って行ける。

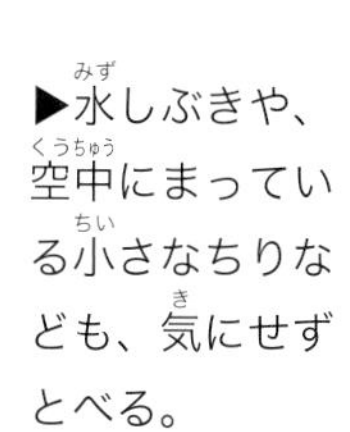

▶水しぶきや、空中にまっている小さなちりなども、気にせずとべる。

### いろいろなデータを あつめられる

施設内点検ロボットは、とくしゅなカメラやセンサーがついているので、写真や映像だけでなく、建物の立体画像用の情報や、きけんな放射性物質がでていないかなどの、いろいろなデータをあつめてきてくれます。

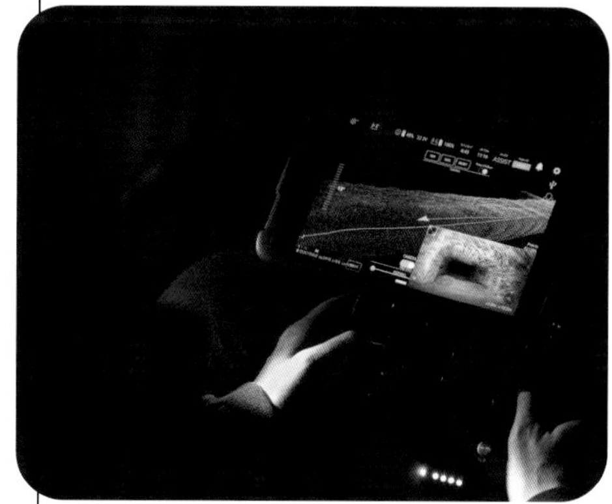

◀ロボットがしらべたデータは、すぐにタブレットで見られる。

▲人が近づくことができない場所へもとんで行き、高さを色わけするなど、立体化したデータをつくることができる。

## 開発こぼれ話 きけんな場所でも作業ができるロボット

2011年、東日本大震災がおこり、福島第一原子力発電所で大事故がおきました。しかし、きけんすぎて、人が中に入ってしらべることができませんでした。

そこで、「安全な点検」をめざして、人のかわりにきけんな作業をしたり、建物の中で作業したりする施設内点検ロボットが、つくられるようになったのです。

# 橋にきずがないかをしらべる
# 橋点検ロボット

**ROBO データ**

**ロープ・ストローラー**
[イクシス]

| | |
|---|---|
| 開発国 | 日本 |
| 発売年 | 2021年 |
| 高さ | 19.8cm* |
| 長さ | 65.5cm |
| 幅 | 45.5cm |
| 重さ | 10kg |

*カメラをふくまない。

橋点検ロボットは、川にかかる大きな橋や、その橋をささえるコンクリートの部分を写真にとって、きずやひびわれがないかをしらべるロボットです。

橋のうらに人が近づくのはきけんでむずかしい作業ですが、このロボットはワイヤーの上を移動して、点検をしてくれます。このロボットが、人のかわりに写真をとってくれるので、作業員は安全なところから、リモコンで動かすだけですみます。

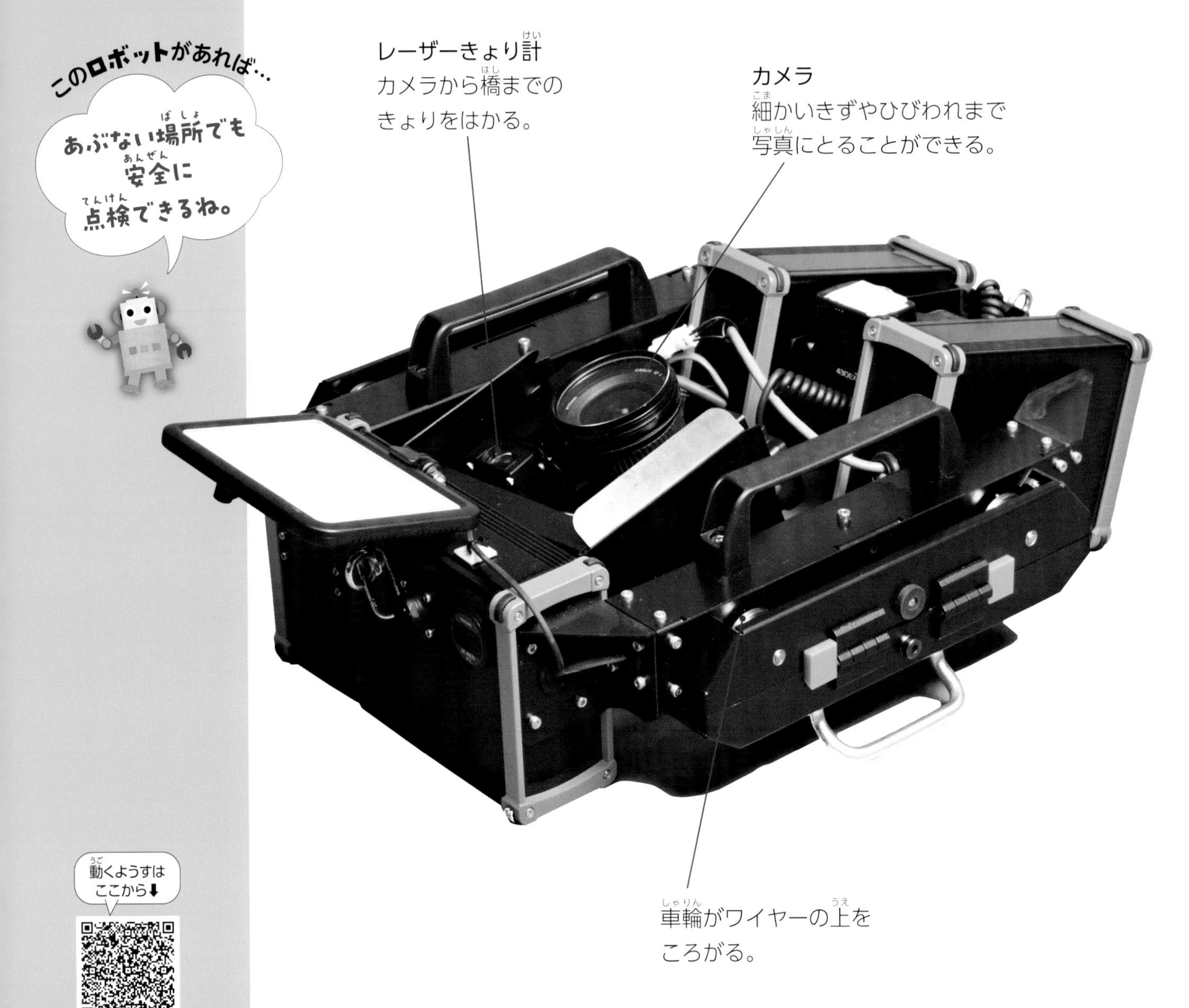

## なにができるの？

### 人が近づくのがむずかしいところまで動かせる

電車のレールのように2本のワイヤーをはり、その上をロボットの車輪が移動します。橋のうらや高いところ、かべのようなところでも、しらべたいところまで、人がワイヤーをひっぱって、かんたんに動かせます。

▶ワイヤーの上を移動するようす。

### はなれたところからでも写真がとれる

人が橋からはなれていても、リモコンで写真をとることができます。ワイヤーでロボットをしっかりささえるので、どこでもぶれのない写真がとれます。とても正確で、橋のうらから2.5mほどはなれたところからとった写真でも、0.1mm幅以上のひびわれを見つけだすことができるほどです。アプリをつかって、ひびわれの大きさごとに色わけもできます。

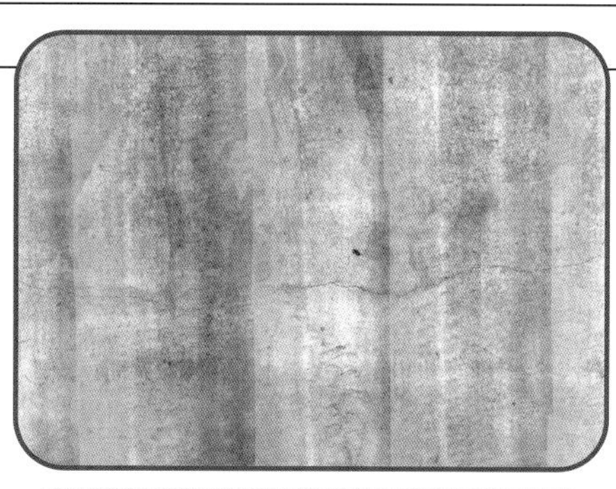

◀ロボットが見つけたひびわれの写真。

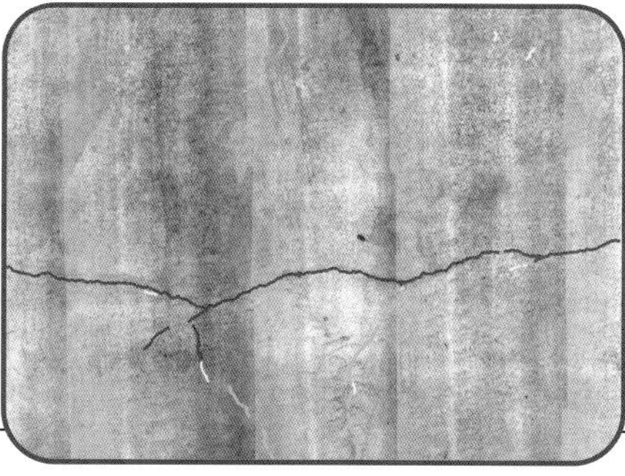

◀ひびわれの状態によって色わけした写真。

## ここがすごい! ロボットがかたむきとゆれを感じとる

橋点検ロボットには、かたむきがわかるセンサーがついていて、かたむきを感じたら、撮影している画像がかたむかないよう、自分の向きを調整することができます。また、強い風がふいたときや橋に大型のトラックが通ったときなど、大きなゆれを感じたときは、カメラで撮影ができないしくみになっています。

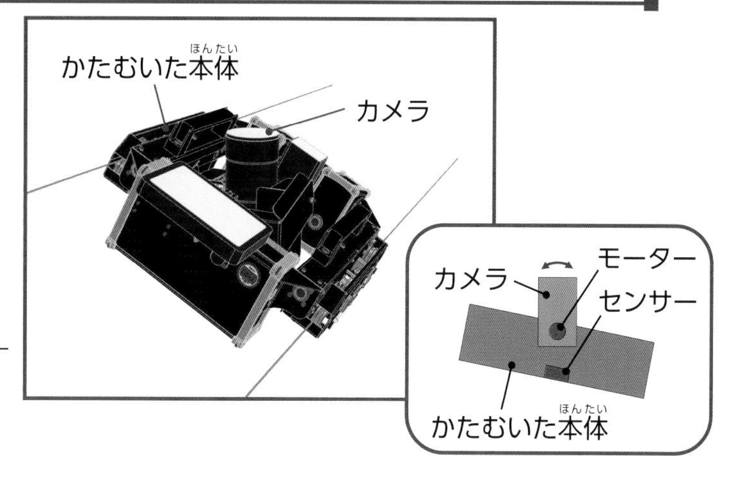


▶センサーがかたむきを感知すると、モーターが動いてカメラの位置を調整する。

ROBO データ

**フロートアーム**

[ハイボット]

開発国　日本
発売年　2023年
高さ　最大5m
長さ　最大7m

# くらしをささえる設備をしらべる
# インフラ点検ロボット

インフラ点検ロボットは、電気やガス、水道などに関係する、生活をささえる「インフラ」とよばれる施設にある、さまざまな設備をしらべるロボットです。

設備は、休むことなくはたらいているため、よごれているだけでなく、感電や高い場所からの落下など、きけんが多いところにあります。これまでは、その場所を人が点検していましたが、このロボットは、遠くからでも動かせるため、人は、はなれたところから、安全に点検することができます。

このロボットがあれば…

人が行けないせまい場所も点検できるよ。

ロボットアーム（うで）
くねくねと曲がって、せまいすきまへも入っていく。

カメラ
細かいきずやひびわれなどをうつす。

▼アームは、最大で5mの高さまでとどく。

## なにができるの？

### 高い場所やせまい場所も点検できる

細長くてかるいアームをもつヘビ形ロボットなので、体をしなやかに曲げて、人がたどりつけない高い場所や、せまい場所を点検することができます。

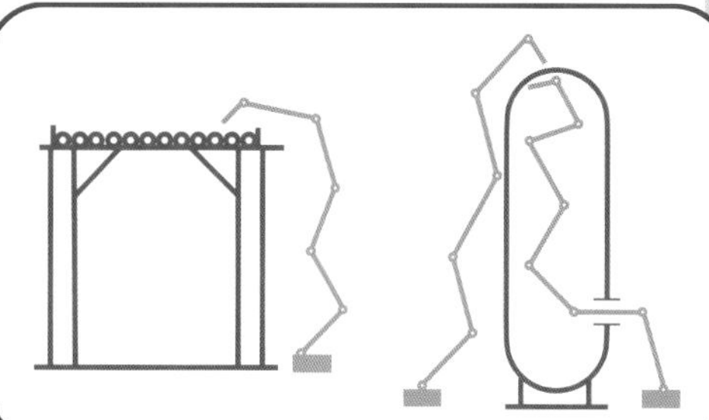

▶点検する場所にあわせて、形をかえながら体をのばしていく。

### 温度や3Dの測定もできる

ロボットのアームの先に、細かいところまでよく見える高性能カメラをつけることができます。カメラのまわりに、温度をはかったり、かべのあつみをしらべたりする機能もついています。

せまく見通しのわるい場所でも、このカメラを通して設備を点検し、温度や現場のようすを3D（立体）で測定できます。

▲カメラのまわりに、かべのあつみをはかるセンサー、温度をはかるサーモビジョンをそなえている。

### あつめたデータを、どこからでも見られる

ロボットがしらべた結果のデータを「HiBox」というソフトウエアに入れることで、世界中で、いつでもどこからでも、ロボットから、あつめたデータをたしかめることができます。

# 建物の中の管に入ってしらべる
# 配管探査ロボット

ROBOデータ

**配管くん**
[弘栄ドリームワークス]

| | |
|---|---|
| 開発国 | 日本 |
| 発売年 | 2018年 |
| 高さ | 8.9cm |
| 長さ | 79.4cm |
| 幅 | 5.8cm |
| 重さ | 2.2kg |

＊写真は配管くんⅠ型。

建物には、いたるところに水道管や、ガス管のような管がはりめぐらされています。これを「配管」とよび、配管探査ロボットは、その管の中をしらべ、配管の地図をつくることができるロボットです。

配管は、建物のかべにうめられているので、人の目ではしらべられません。記録がないと、どんな配管なのかわからなくなってしまいます。このロボットは、建物をこわさずに、配管の位置をしらべてくれます。

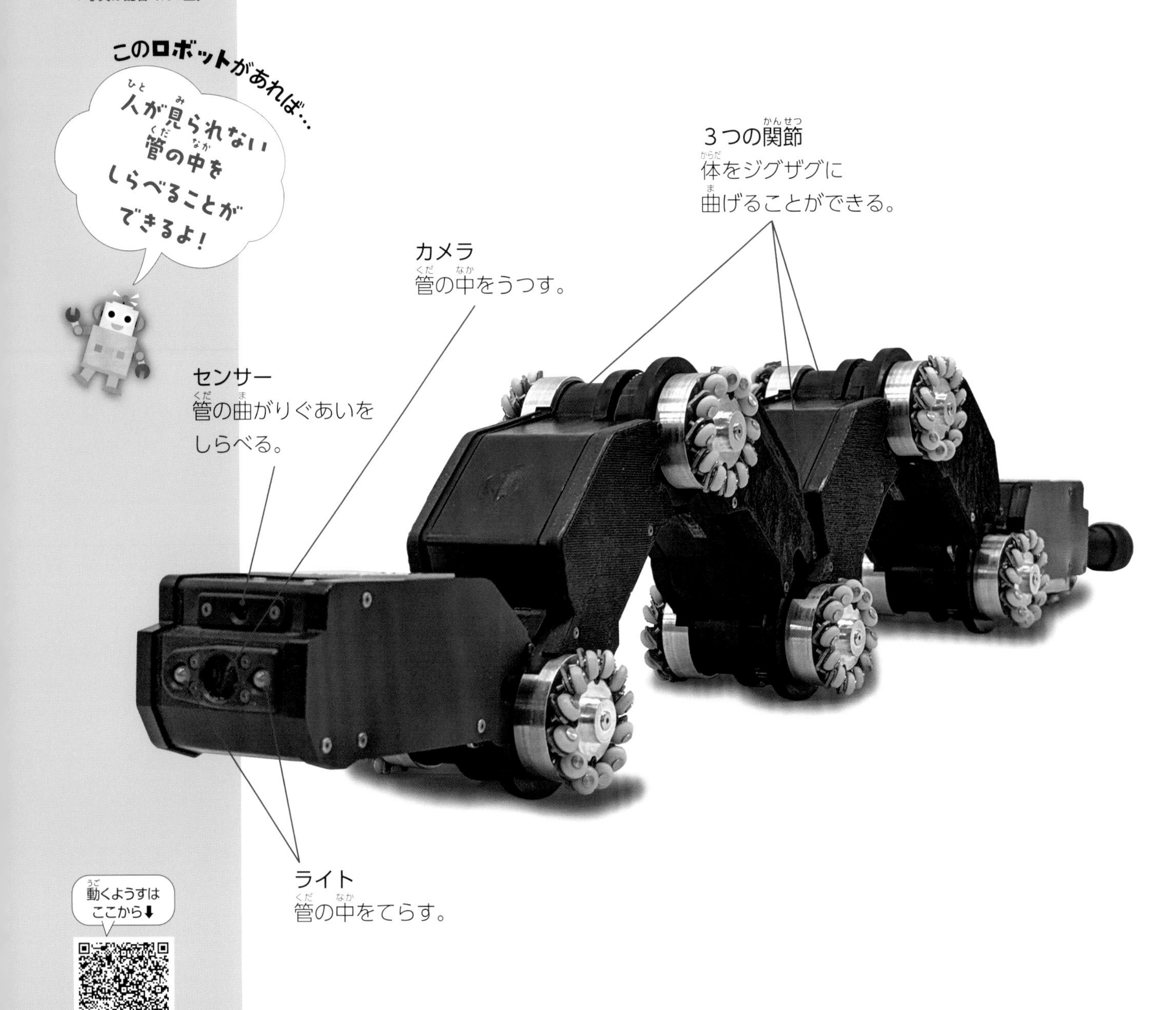

## なにができるの？

### 管の中を自分ですすむことができる

配管探査ロボットは、細くて長い管の中を、自分で向きをかえながら、すすみます。5mmの段差をのりこえることができ、約100mの長さまで、管の中をひとりでしらべることができます。

▲曲がり角もじょうずに曲がる。

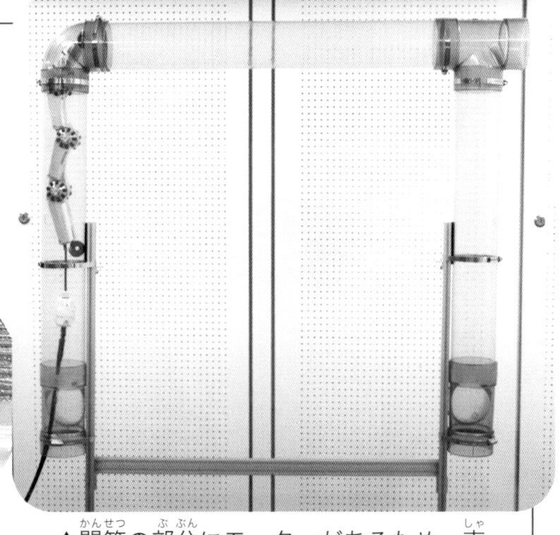

▲関節の部分にモーターがあるため、車輪を管のかべにおしつけながら、上下にすすむこともできる。

### 配管の地図を正確につくることができる

配管の中をすすむとき、カメラで映像をうつしながら、管の長さや通った道順、どのくらい管が曲がっているのかをセンサーではかります。このときロボットから送られてきたデータをつかって、正確に配管の地図をつくることができます。

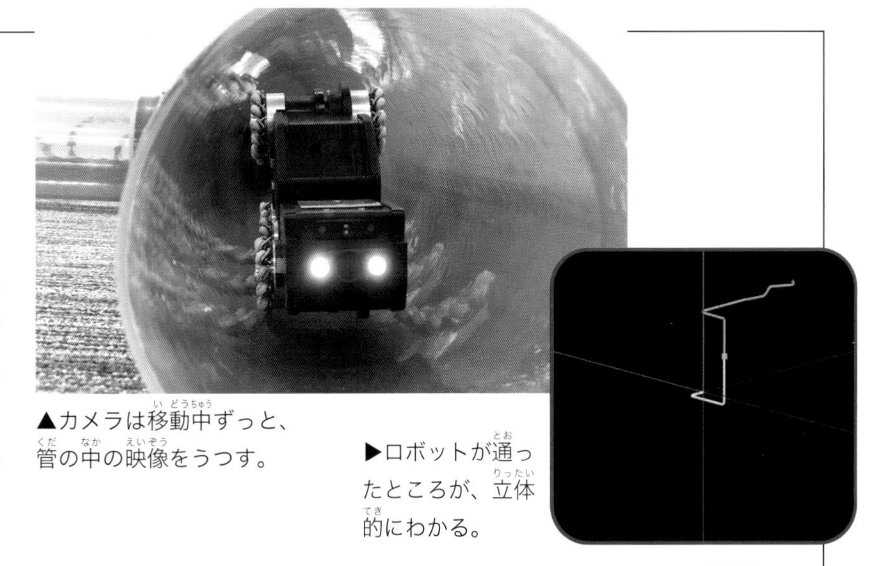

▲カメラは移動中ずっと、管の中の映像をうつす。

▶ロボットが通ったところが、立体的にわかる。

## ● そのほかのロボット　どんな管もしらべるよ！

細い管や、曲がりくねった管をしらべる配管探査ロボットもあります。

### Ⅱ型Aタイプ

トイレや台所など、水のながれるところの、つまりやすい管の中を、あらいながらしらべます。強い力で水をふんしゃすることで、管の中をすすみます。

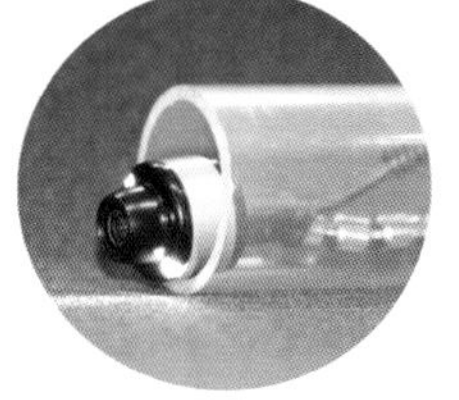

### Ⅱ型Bタイプ

水といっしょにながれながら、管の中をうつします。管に上から入れるだけなので、かんたんにつかうことができます。

### Ⅲ型

はい水管やガス管など、くねくねと曲がった管をしらべます。回転させながらおしこむことで、すすみます。

# あとがき

# ロボットがかつやくするまち

この巻では、まちでかつやくするロボットをしょうかいしました。最近は、レストランで配膳ロボットをよく見かけます。ビルでは、ロボットが書類や飲みものをはこんでくれたり、部屋を案内してくれたり、夜に警備をしてくれるようになりつつあります。

2023年４月から、配送ロボットが歩道を通れるように法律がかわりました。配送ロボットを、買いものをたすけるためにつかおうという動きもすすんでいます。ロボットが、お店の人の気持ちをメッセージにして、にもつといっしょに受けとる人に伝えれば、両者の信頼は強くなるはずです。すばらしいと思いませんか。

これから、まちでかつやくするサービスロボットが広まっていくためには、このように、ロボットがわたしたちのあいだにいて、おたがいが、より信頼しあえるような役割をはたすことがだいじになります。人と人との信頼関係の輪が、ロボットによってより広がるようになるというのも、ロボットがかつやくするまちづくりのひとつの姿となるでしょう。

このようにみなさんも、まちを住みやすくするために、ロボットのつかいみちをいろいろと考えてみてください。

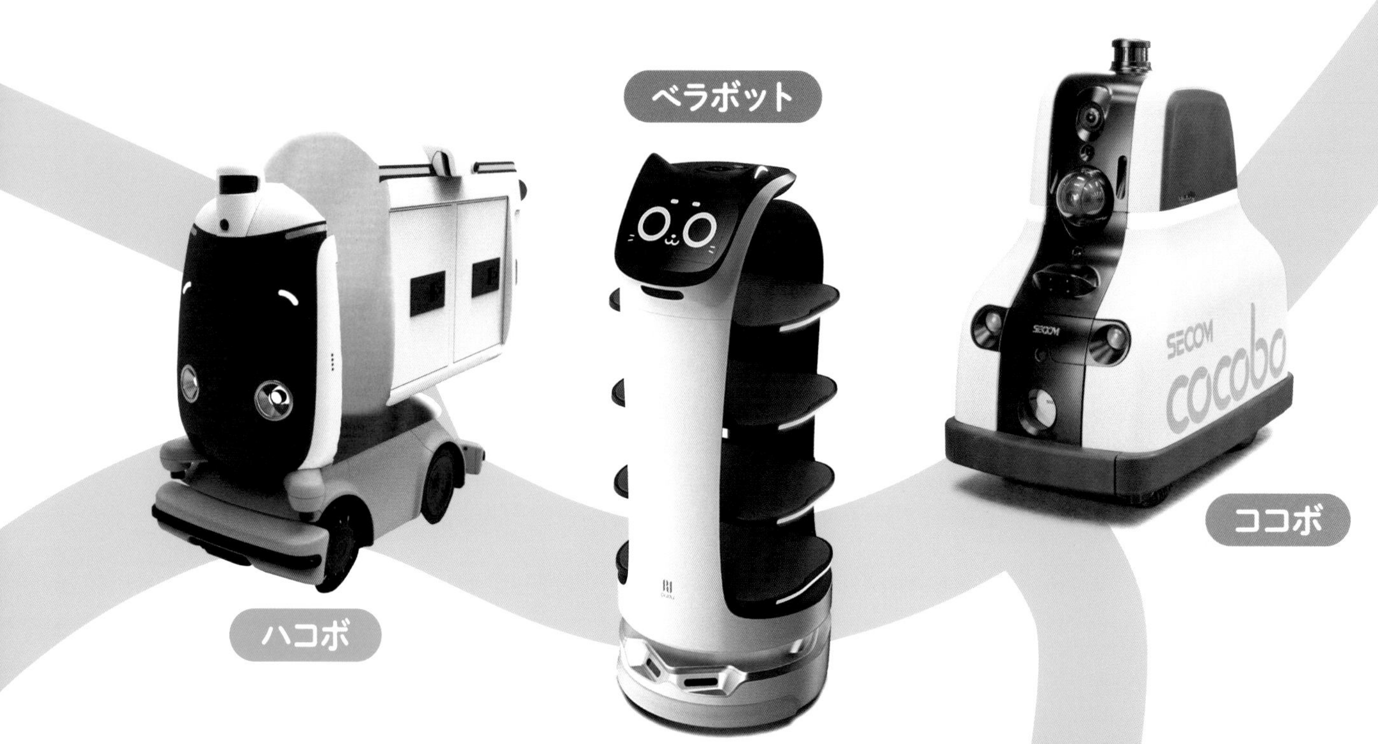

## ロボットのことがくわしくわかるしせつ

あたらしいロボット技術にふれてみよう

### 千葉工業大学 東京スカイツリータウン®キャンパス 未来技術体験アトラクションゾーン

巨大な画面でロボットの解剖・設計図のそうさを体験でき、ロボットのうらがわや細かいところまで見ることができます。

〒131-0045 東京都墨田区押上 1-1-2
東京スカイツリータウン® 東京ソラマチ8階

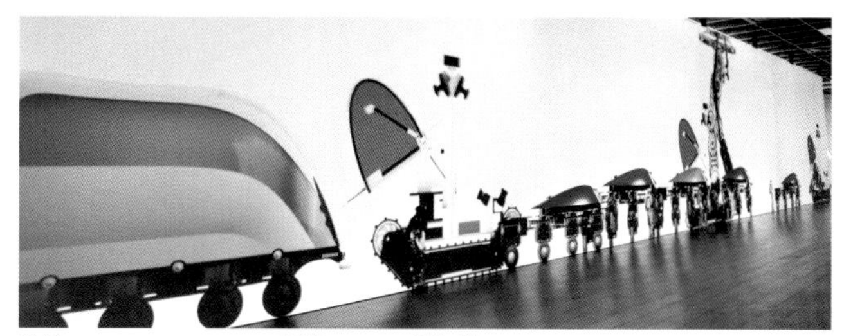

本物のロボットのそうさを体験できる、超巨大ロボティックスクリーン。

### バンドー神戸青少年科学館

ロボットの「感じる」「考える」「動く」の3つの要素に注目した展示や、ロボットをそうさ体験できるコーナーがあります。

〒650-0046 兵庫県神戸市中央区港島中町 7-7-6

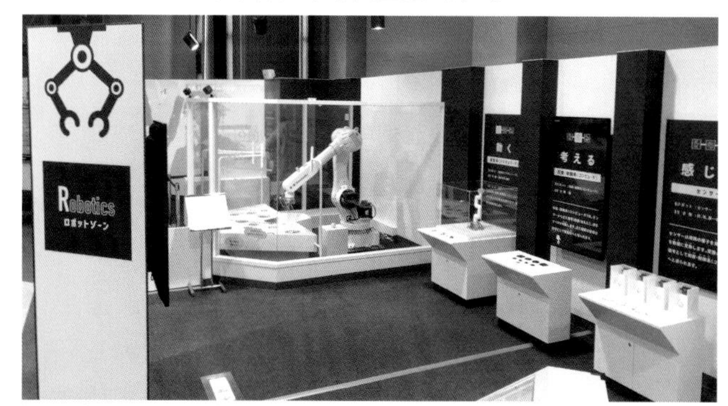


手術支援ロボットを映像でしょうかいしている。

## ロボットさくいん

●監修　**佐藤知正**（さとう ともまさ）

東京大学名誉教授。1976年東京大学大学院工学系研究科産業機械工学博士課程修了。工学博士。研究領域は、知的遠隔作業ロボット、環境型ロボット、ロボットの社会実装（ロボット教育、ロボットによる街づくり）。これまでに日本ロボット学会会長を務めるなど、長年にわたりロボット関連活動に携わる。

●協力　青山由紀（筑波大学附属小学校）
●編集・制作　株式会社アルバ
●執筆協力　用松美穂
●イラスト　園りんご（p4～7）、小坂タイチ
●デザイン　門司美恵子（チャダル108）
●DTP　関口栄子（Studio porto）
●校正　株式会社ぷれす

●写真・資料協力（敬称略）
パナソニック ホールディングス、Clearpath Robotics OTTO Motors、アルテック、Mujin、アマノ、プリファードロボティクス、セコム、BEIJING YUNJI TECHNOLOGY、ゲートボックス、東芝電波テクノロジー、アビータ、Pudu Robotics Japan、Pudu Technology、テックマジック、コネクテッドロボティクス、Telexistence、インテュイティブ・サージカル、サイバーダイン、筑波大学、メディカルユアーズロボティクス、パナソニック プロダクションエンジニアリング、トヨタ自動車、イノフィス、ダイヤ工業、Flyability、ブルーイノベーション、イクシス、ハイボット、弘栄ドリームワークス

**ロボット大図鑑**　**どんなときにたすけてくれるかな？②**
**まちでかつやくするロボット**

発　行　2024年4月　第1刷
　　　　2024年11月　第2刷
監　修　佐藤知正
発行者　加藤裕樹
編　集　崎山貴弘
発行所　株式会社ポプラ社
〒141-8210　東京都品川区西五反田3-5-8　JR目黒MARCビル12階
ホームページ　www.poplar.co.jp（ポプラ社）
kodomottolab.poplar.co.jp（こどもっとラボ）
印　刷　大日本印刷株式会社
製　本　株式会社ブックアート

ISBN978-4-591-18081-5/N.D.C.548/47P/29cm



P7247002

ROBOT

# ロボット大図鑑

## どんなときにたすけてくれるかな？

監修：佐藤知正（東京大学名誉教授）

全5巻

N.D.C.548

1 くらしをささえるロボット

2 まちでかつやくするロボット

3 ものづくりをたすけるロボット

4 そとでしごとをするロボット

5 とくべつな場所ではたらくロボット

■小学校低学年以上向き
■ A4 変型判
■各 47 ページ　■オールカラー
■図書館用特別堅牢製本図書

このロボットがあれば、
（どんなときに、なにができるかな？）

おじいちゃんがひまなとき、いっしょに話したり、たいそうをしたり、うたをうたったりすること

が、できます。

あなたはしょうらい、どんなロボットがあったらいいと思いますか？
（あなたが、あったらいいなと思うロボットを考えて、書いてみましょう）

ほうかごのサッカーで、いっしょにサッカーをしてくれるロボットがあったらいいと思います。人数がたりなくて、サッカーのしあいができないとき、このロボットがあれば、いつでも人数がそろって、しあいができるからです。

●自分や友だちや家族が、なにかこまっていることはないかな？　こまりごとをかいけつしてくれるロボットを考えてみよう。

●「こんなロボットがあったら楽しそう！」というロボットを考えてみてもいいよ。

ロボットが、どんな場面で、なにをしてかつやくするか書こう。

たとえば

●ひとりでるすばんをしているときに、話しあいてになること

●道にまよったときに、案内をしてくれること

●配達をする人がたりないときに、かわりににもつをとどけてくれること

など。

すきなロボットについてしょうかい文を書いたら、友だちと説明しあおう。